BestMasters

Mit „BestMasters" zeichnet Springer die besten Masterarbeiten aus, die an renommierten Hochschulen in Deutschland, Österreich und der Schweiz entstanden sind. Die mit Höchstnote ausgezeichneten Arbeiten wurden durch Gutachter zur Veröffentlichung empfohlen und behandeln aktuelle Themen aus unterschiedlichen Fachgebieten der Naturwissenschaften, Psychologie, Technik und Wirtschaftswissenschaften. Die Reihe wendet sich an Praktiker und Wissenschaftler gleichermaßen und soll insbesondere auch Nachwuchswissenschaftlern Orientierung geben.

Volker Hartmann

Die Photosynthese als erneuerbare Energie

Zukünftige Produktion von Biowasserstoff aus Sonnenlicht

Mit einem Geleitwort von Prof. Dr. Matthias Rögner

 Springer Spektrum

Volker Hartmann
Bochum, Deutschland

BestMasters
ISBN 978-3-658-09186-6   ISBN 978-3-658-09187-3 (eBook)
DOI 10.1007/978-3-658-09187-3

Die Deutsche Nationalbibliothek verzeichnet diese Publikation in der Deutschen Nationalbi-
bliografie; detaillierte bibliografische Daten sind im Internet über http://dnb.d-nb.de abrufbar.

Springer Spektrum

Gedruckt auf säurefreiem und chlorfrei gebleichtem Papier

Springer Fachmedien Wiesbaden ist Teil der Fachverlagsgruppe Springer Science+Business Media
(www.springer.com)

Geleitwort

Ein Schwerpunkt der Forschung an meinem Lehrstuhl ist die Aufklärung von grundlegenden Vorgängen der photosynthetischen Energieumwandlung - insbesondere auch ein Verständnis des Prozesses der lichtgetriggerten Wasserspaltung auf molekularer Ebene - sowie eine Evaluierung des Anwendungspotentials solcher Systeme. Hierbei handelt es sich sowohl um semiartifizielle Minimalsysteme mit isolierten Schlüsselkomponenten wie Photosystem 1 (PS1) und Photosystem 2 (PS2), um die Kapazitätsgrenzen dieser Systeme außerhalb der Restriktionen ihrer biologischen Umgebung auszuloten, als auch um sich selbst replizierende, einfachste zelluläre Systeme (Cyanobakterien), die durch (genetische) Modifizierung für eine Photosynthese-basierte Energieerzeugung und -nutzung optimiert werden (Ausblick: Biokraftstoffe).

In seiner Masterarbeit hat sich Herr Hartmann intensiv mit der Optimierung der PS2-Photoanode innerhalb eines semiartifiziellen Minimalsystems beschäftigt, welches als Ganzes aus zwei Photoelektroden besteht und von uns knapp als "Biobatterie" bezeichnet wird. Mit diesem System sollen mittelfristig Elektronen aus der Wasserspaltung (PS2 immobilisiert an der Anode), die lichtinduziert über PS1 (immobilisiert an der Kathode) auf eine sauerstoffempfindliche Hydrogenase geleitet werden, zur Wasserstofferzeugung verwendet werden. Der empfindlichste Teil dieses Minimalsystems ist die Anode mit immobilisiertem PS2, dessen Effizienz und Stabilität deutlich erhöht werden sollte. Herrn Hartmann kam dabei die anspruchsvolle Aufgabe zu, die biochemische Welt (bestehend aus der sehr arbeitsintensiven Isolierung hochaktiver PS2-Komplexe und deren funktioneller Charakterisierung) mit der elektrochemischen Welt (Herstellung und Optimierung der Photoelektroden nebst artifizieller Redoxpolymere) zu verbinden und fachübergreifend in zwei verschiedenen Laboratorien zu arbeiten. Diese Aufgabe hat er exzellent gelöst und durch die erfolgreiche Etablierung von Phenothiazin-modifizierten Redoxpolymeren für die Akzeptorseite von PS2 inklusive der Optimierung des Verfahrens eine deutliche Erhöhung der Effizienz der Biobatterie erreicht. Gleichzeitig konnte er die Stabilität des letztlich verwendeten Redoxpolymers auf der Elektrodenoberfläche durch Modifikationen deutlich verbessern. Die hiermit erzielte, mehr als 80-fache Steigerung der Leistung innerhalb der "Biobatterie" war so deutlich, dass einige Ergebnisse dieser Masterarbeit 2014 bereits in dem angesehenen Journal "Phys. Chem. Chem. Phys." veröffentlicht werden konnten, was für ihre hohe Qualität spricht. Die inhaltliche Abfassung der Arbeit steht der Qualität und Bedeutung der Ergebnisse in nichts nach, sodass diese sowohl von mir als Biochemiker als auch vom Zweitbetreuer aus der Elektrochemie (Prof. W. Schuhmann) ohne Einschränkung mit "sehr gut" bewertet wurde.

Prof. Dr. Matthias Rögner

Institutsprofil

Der Lehrstuhl für Biochemie der Pflanzen beschäftigt sich schwerpunktmäßig mit der Erzeugung, Umwandlung und Verwertung von (biologischer) Energie basierend auf dem Prozess der solargetriebenen pflanzlichen Photosynthese. Grundlage hierfür ist ein präzises Verständnis insbesondere folgender fundamentaler Prozesse auf molekularer Ebene:

- Der Prozess der lichtgetriggerten Wasserspaltung durch Photosystem 2 (PS2)
- Struktur, Funktion und Regulation von wasserstofferzeugenden und -verbrauchenden Hydrogenasen
- Architektur, Regulation und Dynamik des photosynthetischen Elektronentransportes
- Die Verknüpfung des photosynthetischen Elektronentranportes mit wasserstofferzeugenden Hydrogenasen und den CO_2-fixierenden Reaktionen des C-Metabolismus
- Die Anpassung des Energiemetabolismus ganzer Mikroalgenzellen an die Dynamik ihrer Umgebung

Die hierbei gewonnenen Erkenntnisse werden dann in anwendungsrelevante Prozesse mit hohem biotechnologischem Potential umgesetzt. Beispiele hierfür sind:

- Die Erzeugung lichtgesteuerter semiartifizieller Minimalsysteme aus isolierten Schlüsselkomponenten der Photosynthese (Photosystem 1 und 2), die auf Elektroden immobilisiert und über optimierte künstliche Elektronenleitsysteme u.a. mit Hydrogenasen verknüpft werden. Diese Systeme dienen zur Evaluierung und Optimierung der Energieumwandlung, z.B. zur Erzeugung von Biowasserstoff aus Wasser ("Biobatterie")
- Die Erzeugung cyanobakterieller "Designzellen" mit Mitteln der synthetischen Biologie, deren Elektronentransport beispielsweise für die Erzeugung von "Biofuels" (z.B. Biowasserstoff, Biokraftstoffe) optimiert wird - bei gleichzeitiger Minimierung des eigenen Energiestoffwechsels
- Die Entwicklung von Photobioreaktoren zur Optimierung und Automatisierung zukünftiger Massenkultivierung von Cyanobakterien unter Minimierung von Prozessabläufen und Kosten

Die geschilderten Projekte basieren auf profunder Erfahrung in analytischen und präparativen Methoden, die sich vom Bereich der Molekularbiologie über die Biochemie und Spektroskopie bis zur quantitativen Massenspektrometrie (Proteomics und Lipidomics) erstrecken. Die Kombination dieser Methoden erlaubt eine detaillierte Charakterisierung von einzelnen Proteinen und Genen bis hin zur Physiologie individueller Zellen in der Massenkultur.

Fernziel ist die Erzeugung anspruchsloser und robuster Cyanobakterienzellen für die Massenkultur in speziell entwickelten Photobioreaktoren. Diese "Designzellen" sollen mit vorgefertigten Strukturelementen/Funktionseinheiten baukastenartig erzeugbar sein, um damit zielgerichtet Biofuels u.a. hochwertige Produkte zu erzeugen, die aufgrund der Photosynthese eine positive bzw. umweltneutrale Energiebilanz aufweisen.

Vorwort

Die vorliegende Masterarbeit wurde 2014 am Lehrstuhl für Biochemie der Pflanzen der Ruhr-Universität Bochum angefertigt. Viele Personen haben mich auf diesem Weg begleitet und mir geholfen den Fokus nicht zu verlieren.

Ich möchte Prof. Dr. Matthias Rögner für die Möglichkeit danken, meine Masterarbeit an seinem Lehrstuhl zu verfassen und den stets freundlichen und konstruktiven Umgang in dieser Zeit.

Weiterhin danke ich Prof. Dr. Wolfgang Schuhmann, sowie Dr. Nicolas Plumeré, Dr. Sascha Pöller und Fangyuan Zhao (M. Sc.) für die gute fachliche, materielle und persönliche Unterstützung im Fachbereich der analytischen Chemie und darüber hinaus. Außerdem bedanke ich mich bei Dr. Marc M. Nowaczyk und Claudia König für die Betreuung während der durchgeführten Isolierung von Photosystemen und deren Bereitstellung. Bedanken möchte ich mich ebenfalls bei Dr. Tim Kothe für den freundschaftlichen Umgang, die direkte Betreuung meiner Arbeit, die fachlichen Diskussionen und nicht zuletzt für die viele Zeit, die er geopfert hat, um diese Arbeit in dieser Form möglich zu machen.

Ferner möchte ich meiner Familie für die tolle Unterstützung während meines Studiums danken. Ein besonderer Dank gilt meiner Frau, die mir stets den Rücken frei gehalten und somit einen großen Teil zu dieser Arbeit beigetragen hat.

Zuletzt möchte ich all denen danken, die dies verdient haben, die ich aber vergessen habe hier zu erwähnen. Meine Vergesslichkeit sucht ihresgleichen.

Volker Hartmann

Inhaltsverzeichnis

Abkürzungsverzeichnis

A dest	destilliertes Wasser; lat. *aqua destillata*
Abb.	Abbildung
AE	Arbeitselektrode
ATP	Adenosintriphosphat
AzB	Azurblau
β-DM	n-Dodecyl-β-D-Maltosid
BN-PAGE	Blau-Native Polyacrylamid-Gelelektrophorese
Boc	tert-Butylcarbamat
bzw.	beziehungsweise
Chl a	Chlorophyll a
CV	zyklisches Voltammogramm; engl. *Cyclic Voltammogram*
Cyst	Cystamin
Cyt b_6/f	Cytochrom b_6/f-Komplex
DCBQ	2,6-Dichloro-1,4-benzochinon
Diamin-Linker	2,2´-(Ethylendioxy)bis(ethylamin)
Dinoterb	2-(1,1-Dimethylethyl)-4,6-dinitrophenolacetat
Dithiol-Linker	2,2´-(Ethylendioxy)diethanthiol
DMSO	Dimethylsulfoxid
et al.	und andere; lat. *et alii*
Fd	Ferredoxin
FeCy	Kaliumhexacyanoferrat (III)
ff	Füllfaktor; engl. *fill factor*
FNR	Ferredoxin-NADP$^+$-Oxidoreduktase
GC	Glaskohlenstoff; engl. *glassy carbon*
GE	Gegenelektrode
gg.	gegen

His-PS2   His-tag Photosystem 2

ICP-OES   Optische Emissionsspektrometrie mit induktiv gekoppeltem Plasma;
                   engl. *Inductively Coupled Plasma Optical Emission Spectrometry*

IEC   Ionenaustauschchromatographie;
                   engl. *Ion Exchange Chromatography*

IMAC   Metallionenaffinitätschromatographie;
                   engl. *Immobilized Metal Ion Affinity Chromatography*

i.d.R.   in der Regel

I_{SC} Kurzschlussstromdichte; engl. *short-circuit current density*

LED   Licht emittierende Diode

Linker 36   tert-Butyl-(2-(2-(2-aminoethoxy)ethoxy)ethyl)carbamat

MES   2-(N-Morpholino)ethansulfonsäure

MV   Methylviologen

η   Wirkungsgrad

NADPH   Nicotinamid-Adenin-Dinukleotid

NASA   engl. *National Aeronautics and Space Administration*

NB   Nilblau

Nr.   Nummer

NR   Neutralrot

OCV   Leerlaufspannung; engl. *open circuit voltage*

P1-P6   Peak 1 – Peak 6

Pc   Plastocyanin

PEG-DGE   Poly(ethylenglycol)-diglycidylether

Pheo   Pheophytin

pp.   Seiten; engl: *pages*

PQ   Plastochinon

PQH_2 Plastohydrochinon

PS1   Photosystem 1

PS2   Photosystem 2

PW   Petawatt (10^{15} W)

RE	Referenzelektrode
ROS	Reaktive Sauerstoffspezies; engl. *Reactive Oxygen Species*
s.	siehe
SDS-PAGE	Natriumdodecylsulfat-Polyacrylamid-Gelelektrophorese; engl. *Sodium Dodecyl Sulfate Polyacrylamide Gel Electrophoresis*
SHE	Standard-Wasserstoffelektrode; engl. *Standard hydrogen electrode*
T. elongatus	*Thermosynechococcus elongatus*
Tab.	Tabelle
TB	Toluidinblau
TBA-TFB	Tetrabutylammonium Tetrafluoroborat
UV	Ultraviolett
vgl.	vergleiche
[v/v]	Volumen pro Volumen
WT-PS2	Wildtyp Photosystem 2
[w/v]	Masse pro Volumen; engl. *weight per volume*
Y_Z	Tyrosin Z

Abbildungsverzeichnis

Alle Abbildungen sind unter dem Titel des Buches unter *www.springer.com* online einsehbar.

Tabellenverzeichnis

1. Einleitung

1.1 Motivation

Die weltweite Energieversorgung beruht größtenteils auf fossilen Energieträgern, wie Kohle, Erdgas und Erdöl. Im Jahre 2011 wurden 67 % des weltweit produzierten Stroms aus diesen Energieträgern gewonnen (World Development Indicators, The World Bank 2011). Diese Art der Energiegewinnung ist jedoch mit gravierenden Nachteilen verbunden. Zum einen sind die Vorkommen von fossilen Energieträgern endlich und können den steigenden weltweiten Energiebedarf nicht nachhaltig decken, zum anderen werden bei deren Verbrennung Treibhausgase wie zum Beispiel CO_2 erzeugt, die das Weltklima stark beeinflussen (Norby und Luo 2004).

Um eine langfristige Energieversorgung zu gewährleisten ist es somit dringend erforderlich Energiequellen zu etablieren, die keine Begrenzung der Kapazitäten aufweisen und möglichst umweltschonend sind. Diese Energiequellen werden auch erneuerbare Energien genannt und bestehen derzeitig hauptsächlich aus Windenergie, Wasserkraft, Geothermie, Bioenergie und Solarenergie. Eine Kombination dieser Energiequellen ist nach dem derzeitigen Stand der Wissenschaft die wahrscheinlichste Methode der zukünftigen Energiegewinnung.

Die größte potentielle Energiequelle ist die Sonne, die mit durchschnittlich 1367 W/m², der Solarkonstante, auf die Erde einstrahlt (Fröhlich und Brusa 1981). Hierbei gehen, abhängig vom Breitengrad und somit dem Einstrahlungswinkel der Sonne auf die Erdoberfläche sowie der Absorption durch die Atmosphäre ungefähr 45 % dieser Energie verloren (NASA 2011). Folglich erreichen die Erdoberfläche durchschnittlich 750 W/m² der Ausgangsleistung. In Bezug auf die bestrahlte Erdoberfläche entspricht dies einer Leistung von 95,6 PW, die auf der Erdoberfläche in Form von sichtbarem Licht, Infrarotstrahlung und zu einem geringen Teil ultravioletter Strahlung ankommt.

Der Energieverbrauch der Menschheit lag im Jahr 2010 bei 140 PWh und wird sich voraussichtlich bis ins Jahr 2040 mehr als verdoppeln (U.S. Energy Information Administration 2013). Somit würden weniger als drei Stunden eines Jahres unter vollständiger Verwendung der eingestrahlten Sonnenenergie zur Deckung des gesamten Energiebedarfs der Erde im Jahr 2040 genügen. Alternativ wäre ein dauerhaft genutzter Teil der Erdoberfläche von 0,06 % (300.000 km²) zur Energiegewinnung aus Sonnenlicht bei 100 % Ausbeute ausreichend. Da Mittelwerte die Grundlage dieser Berechnungen stellen, könnte in Gegenden der Erde mit hoher Sonneneinstrahlung, wie zum Beispiel die Sahara nahe dem Äquator, eine geringere Fläche genügen. Hier erreichen bis zu 1050 W/m² die Erdoberfläche.

Im Vergleich erfährt Deutschland lediglich eine durchschnittliche Sonneneinstrahlung von 240 W/m² (Deutscher Wetterdienst (DWD)), was eine deutlich größere Fläche erfordern würde. Momentan wird Sonnenlicht mit Hilfe von Solarzellen, Wärmekollektoren und Sonnenwärmekraftwerken direkt genutzt. Die weitaus wichtigere Nutzung der Sonnenenergie geschieht jedoch über die indirekte Nutzung der Photosynthese, wobei Pflanzen sowohl zu Erzeugung von Energieträgern wie Biogas, Bioethanol, Biodiesel oder Brennstoff, als auch zur Nahrung dienen.

1.2 Photosynthese

Die Photosynthese ist die natürliche Energiegewinnung aus Sonnenlicht durch Pflanzen, Algen und Cyanobakterien, wobei die gebildete Biomasse als Nahrung für heterotrophe Organismen dient. Somit ist die Photosynthese auch die Grundlage des höheren Lebens auf der Erde.

Neben der Erzeugung von Biomasse ist der entstehende molekulare Sauerstoff maßgeblich, da dieser an der Ausbildung der Atmosphäre beteiligt war. In der Uratmosphäre war kein molekularer Sauerstoff vorhanden. Vor ungefähr 3,5 Milliarden Jahren entstanden die ersten photosynthetisch aktiven Organismen, wobei manche Schätzungen sogar von einer noch früheren Entstehung ausgehen (Schidlowski 1991). Im Verlauf von mehreren Milliarden Jahren reagierte der freigesetzte Sauerstoff zunächst mit Eisen und Schwefelverbindungen und reicherte sich danach in den Meeren und der Atmosphäre an. Dieser Sauerstoff dient nicht nur als Basis des Stoffwechsels für alle aeroben Organismen, sondern reagiert in der Stratosphäre auch zu Ozon, welches ultraviolette Strahlung abfängt und somit einen natürlichen Schutz vor UV-Strahlen induzierten Schädigungen der DNA bildet.

Bei der Photosynthese wird Energie, die in Form von Photonen eingestrahlt wird, zunächst in elektrische und anschließend in chemische Energie umgewandelt. Neben der bei *Bacteria* und *Archaea* vorkommenden Chemoautotrophie ist die Photosynthese die einzige autotrophe Art der Energiegewinnung unter den Organismen. Die allgemeine Gleichung der oxygenen Photosynthese lautet:

$$12\ H_2O + 6\ CO_2 \xrightarrow{\text{Licht}} C_6H_{12}O_6 + 6\ H_2O + 6\ O_2$$

Hierbei werden die anorganischen Verbindungen Wasser und Kohlenstoffdioxid unter Verwendung von Licht in Glucose, Wasser und Sauerstoff umgeformt. Die gebildete Glucose dient dabei dem Aufbau der Biomasse. Diese allgemeine Form der Photosynthese kann nochmals in eine Lichtreaktion und eine Dunkelreaktion unterteilt werden.

Während der Lichtreaktion wird eingestrahltes Sonnenlicht von den photoaktiven Proteinen Photosystem 2 (PS2) und Photosystem 1 (PS1) absorbiert. Diese Protein-Komplexe sind in der Thylakoidmembran lokalisiert. Das PS2 katalysiert hierbei die Oxidation von Wasser zu Protonen und Sauerstoff, wobei die frei werdenden Elektronen über eine lineare Elektronentransportkette zu PS1 weitergeleitet werden. In einem zweiten lichtabsorbierenden Schritt wird PS1 angeregt und es kommt zu einer weiteren Ladungstrennung. Die Energie der Elektronen reicht nun aus, um über Ferredoxin (Fd) die energiereiche chemische Verbindung Nicotinamid Adenin Dinukleotid Phosphat (NADPH) zu katalysieren (Abb. 1-1) (Kramer et al. 2004).

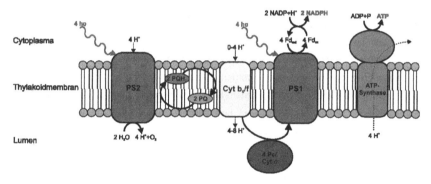

Abbildung 1-1: Photosynthetische Elektronentransportkette. Dargestellt ist der schematische Ablauf der oxygenen Photosynthese innerhalb der Thylakoidmembran. PS2: Photosystem 2, PQH₂: Plastohydrochinon, PQ: Plastochinon, Cyt b₆/f: Cytochrom b₆/f-Komplex, Pc: Plastocyanin, Cyt c: Cytochrom c, PS1: Photosystem 1, Fd: Ferredoxin.

Aus dieser Elektronentransportkette ergibt sich vereinfacht folgende Reaktion, wobei die Bildung von Adenosintriphosphat (ATP) nicht berücksichtigt ist:

$$2\ H_2O + 2\ NADP^+ \xrightarrow{\ 8\ Excitonen\ } O_2 + 2\ NADPH + 2\ H^+$$

Neben dem bereits beschriebenen linearen, gibt es ebenfalls einen zyklischen Elektronentransport. Dabei werden die Elektronen nicht zur Bildung von NADPH durch die Ferredoxin NADP⁺-Oxidoreduktase (FNR) sondern wahrscheinlich durch Fd auf Plastochinon (PQ) übertragen. Dieses wird anschließend erneut durch den Cytochrom b₆/f-Komplex oxidiert. Der zyklische Elektronentransfer führt zusätzlich zum Transport von Protonen über die Membran in das Thylakoidlumen und kann genutzt werden, um überschüssige Elektronen zu recyceln (Golding und Johnson 2003). Somit wird im zyklischen Elektronen-transfer nur ATP als abschließendes Produkt gebildet und es entsteht nicht das Reduktions-äquivalent NADPH (Heber und Walker 1992; Johnson 2007).

Außer dem linearen und zyklischen Elektronentransfer kann es ebenfalls zu einem Zyklus des Plastohydrochinons innerhalb des Cytochrom b_6/f-Komplexes kommen, welcher als Q-Zyklus bezeichnet wird. Dabei wird das Plastohydrochinon an der Lumenseite zu Plastochinon oxidiert. Die freiwerdenden Protonen gelangen dabei in das Thylakoidlumen. Das Plastochinon kann nun auf der cytoplasmatischen Seite des Cytochrom b_6/f-Komplexes wieder zu Plastohydrochinon reduziert werden. Die dafür benötigten Protonen stammen aus dem Cytoplasma, womit der Q-Zyklus ebenfalls wie der zyklische Elektronentransport der Vergrößerung des Protonengradienten über die Thylakoidmembran dient (Mitchell 1966).

Der neben dem Transport der Elektronen erfolgende Aufbau eines Protonengradienten wird von einer ATP-Synthase genutzt, um ATP zu bilden (Mitchell 1966) (Abb. 1-1). Die unter Lichtanregung stattfindende Umsetzung von zwei Molekülen Wasser führt somit über einen linearen Elektronentransport zur Bildung von zwei Molekülen NADPH und abhängig von dem zyklischen Elektronentransfer und dem Q-Zyklus zur Bildung von etwa 3 ATP (Allen 2002). Diese energiereichen Verbindungen werden anschließend in der Dunkelreaktion zur Fixierung von Kohlenstoff aus anorganischem Kohlenstoffdioxid im Calvin Zyklus verwendet. Dabei werden insgesamt sechs NADPH und neun ATP zur Fixierung von drei CO_2-Molekülen benötigt (Calvin und Benson 1948).

1.3 Photosystem 2

PS2 ist ein membrangebundener Multiprotein-Komplex (Barber 2003) und in der Thylakoid-membran lokalisiert.

PS2 liegt *in vivo* in dimerer Form vor (Mörschel und Schatz 1987; Rögner *et al.* 1996). Das Dimer weist eine Masse von ungefähr 700 kDa auf (Umena *et al.* 2011). Die Kristallstruktur wurde bereits von mehreren Arbeitsgruppen untersucht, wobei mittlerweile eine Auflösung von 1,9 Å erreicht werden konnte (Umena *et al.* 2011) (Abb. 1-2).

Die kleinste funktionelle Einheit des PS2 besteht aus den zentralen intrinsischen Proteinen D1 (PsbA), D2 (PsbD), CP47 (PsbB), CP43 (PsbC), PsbE, PsbF und PsbI, sowie den extrinsischen Untereinheiten PsbO, PsbU und PsbV. Diese Proteine bilden den Kern-Komplex (Abb. 1-2). Die Proteine D1 und D2 sind homolog zu den in anaeroben Purpurbakterien vorkommenden Untereinheiten L und M des Reaktionszentrums und binden die zentralen Kofaktoren des Elektronentransports. Somit besitzt das PS2 eine starke strukturelle und funktionelle Ähnlichkeit zum Reaktionszentrum des zyklischen Elektronentransports in Purpurbakterien (Deisenhofer und Michel 1989).

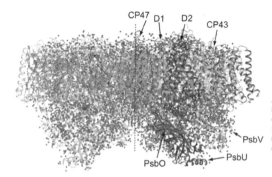

Abbildung 1-2: Kristallstruktur Photosystem 2. Die Monomere werden durch eine gestrichelte Linie getrennt. Die Untereinheiten des Kern-Komplexes des rechten Monomers sind angegeben (verändert nach Umena et al. 2011).

Der PS2-Komplex besteht aus mehr als 20 Untereinheiten und 77 Kofaktoren. Zu diesen Kofaktoren gehören 29 Chlorophyll a-Moleküle (Chl a) in den Antennenuntereinheiten CP43 und CP47, welche Photonen absorbieren und deren Energie an das Reaktionszentrum weiterleiten. Außerdem sind zwei weitere Antennenchlorophylle in den zentralen Proteinen D1 und D2 zu finden. Neben den Antennenchlorophyllen sind aber auch die am Elektronentransport beteiligten vier Chl a Moleküle, zwei Pheophytine (Pheo) und zwei Chinone in D1 und D2 lokalisiert (Holzwarth et al. 2006a).

Am zentralen Chl a-Paar P_{680} und dem benachbarten Pheo kommt es bei Lichtabsorption zu einer Ladungstrennung (Holzwarth et al. 2006a). An diesem Prozess sind die Antennenchlorophylle Chl_z ebenfalls beteiligt, die die Energie von absorbierten Photonen aus CP47 und CP43 auf das Reaktionszentrum übertragen. Bei der Ladungstrennung wird das Redoxpotential des P_{680}/P_{680}^+ Paares von +1,25 V auf -0,58 V für das entstehende Radikal P_{680}^*/P_{680}^+ angehoben. Das Pheo besitzt ein Redoxpotential von -0,54 V und überträgt das Elektron in wenigen Pikosekunden auf das Plastochinon Q_A, welches ein Redoxpotential von -0,14 V besitzt. Diese schnelle Weiterleitung des Elektrons verhindert eine Rückreaktion. Anschließend kommt es zunächst zum Ladungsausgleich des P_{680}^*/P_{680}^+ Radikals durch das Tyrosin Z (Y_Z). Die fehlende Ladung des Y_Z wird durch die während der Wasserspaltung am Mn-Komplex frei werdenden Elektronen ausgeglichen. Im letzten Teilschritt des Elektronentransports überträgt Q_A das Elektron auf Q_B, welches mit einem Redoxpotential von -0,06 V zwei Elektronen aufnehmen kann und dann das PS2 als membrangängigen Elektronenmediator Plastohydrochinon verlässt. (Abb. 1-3 links).

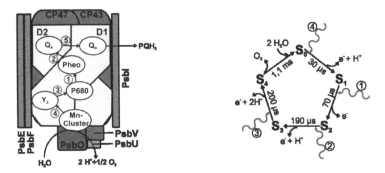

Abbildung 1-3: Schematische Darstellung des Photosystem 2 (links) und des Kok-Zyklus (rechts). Links: Dargestellt sind die Proteine des Kern-Komplexes und die am Elektronentransport beteiligten Komponenten in diesem. Die Nummerierung zeigt die Reihenfolge der Elektronentransportschritte. (Vgl. Abb. 1-6) **Rechts:** Die einzelnen Zwischenschritte (S_0-S_4) des Kok-Zyklus unter Angabe der abgegebenen Elektronen und Protonen. Die jeweilige Zeit der einzelnen Teilschritte ist angegeben. Da S_1 die stabile Form im Dunkeln ist, beginnt die Nummerierung der Photonen bei $S_1 \rightarrow S_2$.

Die Besonderheit des PS2 ist seine katalytische Reaktion der Oxidation von Wasser zu Sauerstoff und Protonen am lumenseitigen Mn-Komplex (Loll *et al.* 2005). Dieser Mn-Komplex besteht aus vier Mn-Atomen und einem Ca-Atom. Es entstehen im Kok-Zyklus (Kok *et al.* 1970) in vier Teilschritten (S_0-S_4) insgesamt vier Elektronen und vier Protonen. In einem letzten Teilschritt wird O_2 freigesetzt und der Ausgangszustand S_0 erreicht (Abb. 1-3 rechts). Die einzelnen Teilschritte dauern unterschiedlich lange, wobei die Freisetzung des Sauerstoffs mit 1,1 ms am meisten Zeit beansprucht (Haumann *et al.* 2005). Die dabei frei werdenden Elektronen werden über das Y_Z zum Chl a-Paar $P_{680}{}^*$ transportiert, um das Ladungsdefizit von insgesamt vier lichtinduzierten Ladungstrennungen auszugleichen.

1.4 Photosystem 1

Das PS1 ist ein Proteinkomplex, der aus zwölf Proteinuntereinheiten, neun intrinsischen und drei extrinsischen besteht, die 127 Kofaktoren tragen. Diese Kofaktoren sind 96 Chl a, 22 Carotinoide, vier Lipide, drei Eisen-Schwefel-Zentren, zwei Phyllochinone und vermutlich ein Ca^{2+}-Ion. PS1 ist wie PS2 in der Thylakoidmembran lokalisiert und katalysiert den zweiten photoaktiven Schritt der oxygenen Photosynthese. Dabei wird Cytochrom c_6 bzw. Plastocyanin (Pc) an der Lumenseite oxidiert und Ferredoxin auf der cytoplasmatischen Seite reduziert (Abb. 1-5). In Cyanobakterien kann PS1 sowohl in monomerer, als auch in trimerer Form vorliegen (Rögner *et al.* 1990; El-Mohsnawy *et al.* 2010; Chapman *et al.* 2011).

Dahingegen liegt in höheren Pflanzen PS1 ausschließlich als Monomer vor (Golbeck 1992). Das PS1-Trimer weist eine Masse von 1068 kDa auf (Abb. 1-4) (Fromme *et al.* 2001).

Abbildung 1-4 Struktur von Photosystem 1. Links Aufsicht auf das trimere Photosystem 1 mit Unterteilung der jeweiligen Monomere, rechts horizontale Ansicht des Trimers (verändert nach Chapman *et al.* 2011).

Am Elektronentransport innerhalb des PS1 sind mehrere Kofaktoren beteiligt. Zunächst kommt es zu einer lichtinduzierten Ladungstrennung zwischen dem Chl a Dimer P_{700} und einem der Chl a Monomere (A_0) (Holzwarth et al. 2006b). Das Redoxpotential wird dabei von +0,42 V auf -1,3 V angehoben. Das frei werdende Elektron wird daraufhin von dem monomeren Chl a (A_0) über zwei Phyllochinone (A_1) und drei [4Fe-4S]-Zentren (F_X, F_A, F_B) auf das Ferredoxin (Fd) übertragen (Díaz-Quintana *et al.* 1998). Das Redoxpotential des terminalen [4Fe-4S]-Zentrums F_B beträgt dabei -0,58 V, das des Fd -0,43 V. Jeweils ein Ast über A_0 und A_1 in einer der beiden Untereinheiten PsaA oder PsaB bilden einen möglichen Elektronentransportweg aus. Die zwei Transportarme liegen symmetrisch innerhalb des PS1 vor (Abb. 1-5). Der Elektronentransport über die [4Fe-4S]-Zentren verläuft hingegen linear über F_X, dann F_A und terminal F_B (Golbeck 1999). Um den Ausgangszustand zu erreichen muss die positive Ladung des P_{700}^* Radikals kompensiert werden. Dies geschieht über die Aufnahme eines Elektrons vom zuvor am Cytochrom b_6/f-Komplex reduzierten Cytochrom c oder Pc (Abb. 1-5) (Golbeck 2006). Cytochrom c wird bei Cu-Armut vermehrt exprimiert, das Kupfer-tragende Pc hingegen, wenn größere Mengen Cu zur Verfügung stehen (Bohner und Böger 1978).

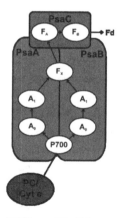

Abbildung 1-5: Schematische Darstellung des PS 1. Abgebildet sind die am Elektronentransport beteiligten funktionellen Gruppen und die Proteinuntereinheiten in denen diese lokalisiert sind.

Der geschwindigkeitslimitierende Schritt des Elektronentransports ist dabei die Übertragung des Elektrons von Cytochrom c bzw. Plastocyanin auf PS1, wobei die Geschwindigkeit des Elektronentransfers zwischen den einzelnen [4Fe-4S]-Zentren noch nicht abschließend geklärt ist. Allerdings wird die benötigte Zeit des Elektronentransports auf maximal 500 ns bestimmt (Brettel und Leibl 2001).

Die beiden beschriebenen photosynthetischen Proteine wurden aus dem einzelligen, thermophilen Cyanobakterium *Thermosynechococcus elongatus* (*T. elongatus*) gewonnen und im Rahmen dieser Arbeit verwendet. *T. elongatus* wurde in Japan aus heißen Quellen isoliert und weist ein Temperaturoptimum von ca 55 °C für sein Wachstum auf. Da sein Genom vollständig sequenziert wurde, sind gerichtete genetische Manipulationen möglich (Takashi *et al.* 1978; Nakamura 2002). Die thermophile Anpassung von Lebewesen erfolgt über spezielle Proteine, die auch bei hohen Temperaturen stabil sind und dort meist erst ihr Wirkoptimum erreichen. Diese Erhöhung der Stabilität gegenüber dem entsprechenden Protein in mesophilen Organsimen wird zum Beispiel durch eine Zunahme der Wasserstoffbrückenbindungen erreicht. Meist unterscheiden sich die thermophilen Proteine nur durch wenige Aminosäuren von mesophilen (Szilágyi und Závodszky 2000). Die verbesserte Thermostabilität der verwendeten Photosysteme bietet eine höhere Toleranz und somit eine längere Lebensdauer und leichteren Umgang während der Arbeitsschritte.

1.5 Das Z-Schema

Der Elektronentransport kann auch anhand der Redoxpotentiale der beteiligten Photosysteme und ihrer Intermediate beschrieben werden. Werden diese Potentiale abhängig von deren Position innerhalb der photosynthetischen Elektronentransportkette aufgetragen, so ergibt sich das charakteristische Z-Schema der Photosynthese (Abb. 1-6). Die beiden photoaktiven Teilschritte der Elektronentransportkette erhöhen den Energiegehalt des Elektrons und erniedrigen somit das Redoxpotential. Die restlichen Schritte des Transports folgen einem Gefälle des Redoxpotentials. Dabei werden Elektronen zunächst in energetischer Abfolge am PS2 von Wasser aufgenommen (zeitliche Abfolge s. Abschnitt 1.3) und das am P_{680} angeregte Elektron über Pheo (-0,54 V), Q_A (-0,14 V) zur Q_B transportiert. Nach einem Zwei-Elektronen-zwei-Protonen-Übergang verlässt das Plastochinon als Plastohydrochinon die Q_B-Bindestelle und transportiert die Elektronen durch die Thylakoidmembran zum Cytochrom b_6/f-Komplex. Dieser besitzt ein Redoxpotential von +0,30 V, wobei die Redoxpotentiale einzelner, nicht näher erläuterter Elektronen-transportschritte innerhalb des Cytochrom b_6/f-Komplexes von diesem Wert abweichen.

Lumenseitig überträgt der Cytochrom b_6/f-Komplex Elektronen auf Cytochrom c oder Pc, die ungefähr ein Redoxpotential von +0,35 V besitzen. Durch die Aufnahme der Elektronen durch das $P_{700}{}^*$-Radikal kann die Ladungstrennung des PS1 ausgeglichen werden. Über mehrere Elektronentransportschritte innerhalb des PS1 (s. Abschnitt 1.4) gelangt das Elektron zu F_B, dem terminalen Akzeptor des PS1 mit einem Redoxpotential von -0,58 V. Über Ferredoxin (-0,43 V) und die FNR (-0,34 V) werden die Elektronen zum finalen Akzeptor NADP$^+$ geleitet. Dieser besitzt ein Redoxpotential von -0,32 V und wird als Energieträger innerhalb des Organismus verwendet. Im Folgenden ist das erwähnte Z-Schema grafisch dargestellt.

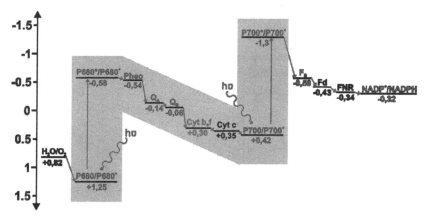

Abbildung 1-6: Z Schema der Photosynthese. Einzelne Schritte der Photosynthese aufgetragen von links nach rechts in der Abfolge dieser Komponenten mit dem jeweils entsprechenden Redoxpotential.

1.6 Hydrogenasen

In Cyanobakterien kommen neben den Proteinen PS1 und PS2 auch Hydrogenasen vor, die auch in vielen Prokaryoten und in einigen Eukaryoten zu finden sind. Hydrogenasen katalysieren die reversible Reduktion von Protonen zu molekularem Wasserstoff, die nach der Reaktion $2\,H^+ + 2\,e^- \rightleftharpoons H_2$ erfolgt und eine Basis für die semiartifizielle Biowasserstoffproduktion darstellt. Hierbei werden zwei Elektronen benötigt (Vignais *et al.* 2001). Normalerweise sind Hydrogenasen sehr empfindlich gegenüber Sauerstoff und werden nur unter anaeroben Bedingungen exprimiert (Ghirardi *et al.* 1997; Stripp *et al.* 2009). Allerdings wurden mittlerweile Sauerstoff tolerantere Hydrogenasen entdeckt und untersucht (Buhrke *et al.* 2005). Hydrogenasen können anhand ihres aktiven Zentrums in [NiFe]-, [FeFe]- und [Fe]-Hydrogenasen unterschieden werden.

[NiFe]-Hydrogenasen sind globuläre Heterodimere (Volbeda *et al.* 1995), die in *Archaea* und *Bacteria* zu finden sind. Sie bestehen aus einer großen Untereinheit α mit ungefähr 60 kDa und einer kleinen Untereinheit β mit ungefähr 30 kDa (Przybyla *et al.* 1992; Albracht 1994). Das [NiFe]-Zentrum befindet sich in der Untereinheit α im Innern des Dimers, was die Sauerstofftoleranz im Vergleich zu [FeFe]-Hydrogenasen erhöht (Vignais *et al.* 2001).

[FeFe]-Hydrogenasen kommen in *Bacteria* und *Eukaryoten* vor und besitzen in ihrem aktiven Zentrum ein 4Fe-4S-Zentrum das über ein Cystein mit einem zweikernigen Fe-Zentrum verbunden ist. Dieses Zentrum wird H-Cluster genannt (Holm *et al.* 1996). [FeFe]-Hydrogenasen sind besonders anfällig gegenüber Sauerstoff, da dieser den H-Cluster angreift und irreversibel hemmt (Stripp *et al.* 2009). Allerdings haben [FeFe]-Hydrogenasen üblicherweise höhere Umsatzraten für die H_2-Entwicklung und sind somit unter optimalen Bedingungen effektiver (Adams 1990).

[Fe]-Hydrogenasen besitzen kein FeS-Zentrum und wurden bisher nur in methanogenen *Archaea* entdeckt (Zirngibl *et al.* 1990). Sie zeigen keine Ähnlichkeiten im Aufbau mit den anderen Hydrogenase-Gruppen (Korbas *et al.* 2006).

1.7 Redoxpolymere

Redoxpolymere sind langkettige Moleküle, die redox-aktive Gruppen tragen. Sie finden Anwendung in der elektrochemischen Untersuchung oder der Nutzung der jeweiligen Eigenschaften von Enzymen. Dabei dienen sie nicht nur zur Immobilisierung der Enzyme nahe der Elektrodenoberfläche, sondern können gleichzeitig als Elektronenmediator für die Enzyme fungieren. Der Transport der Elektronen von der Elektrodenoberfläche oder zu dieser hin ist nicht durch Diffusion eines

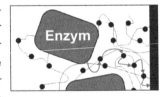

Abbildung 1-7: *electron hopping* **Mechanismus.** Die Elektronen springen von einem Enzym über redoxaktive Gruppen im Polymer zur Elektrodenoberfläche.

Mediators beschränkt, sondern erfolgt über einen sogenannten „*electron hopping*"-Mechanismus (Abb. 1-7). Die redoxaktiven Gruppen können durch räumliche Nähe miteinander interagieren und Elektronen transferieren. Dieser Elektronentransport folgt dabei der Marcus Theorie und ist ungerichtet (Marcus 1956).

In Redoxpolymeren haben Faktoren wie das Quellverhalten, die Flexibilität und Quervernetzung des Polymerrückgrats, aber auch der Abstand zwischen den einzelnen redoxaktiven Gruppen und deren Mittelpunktpotential Einfluss auf die Elektronentransfergeschwindigkeit des „*electron hopping*" (Aoki und Heller 1993; Forster *et al.* 2004).

Mittlerweile ist die Immobilisierung und Kontaktierung von vielen Enzymen in Redox-polymeren gelungen. Diese finden unter anderem Anwendung als Biosensoren (Hale *et al.* 1991; Sirkar *et al.* 2000; Habermüller *et al.* 2000) oder zur Energiegewinnung durch biologische Brennstoffzellen (Barrière *et al.* 2006; Stoica *et al.* 2009). Grundlage der vorliegenden Arbeit ist aber vor allem die Kontaktierung von photoaktiven Proteinen wie PS1 (Faulkner *et al.* 2008; Terasaki *et al.* 2009; Yehezkeli *et al.* 2010; Ciesielski *et al.* 2010; Badura *et al.* 2011a; Yamanoi *et al.* 2012; Gunther *et al.* 2013) und PS2 (Badura *et al.* 2008; Kato *et al.* 2012b; Kato *et al.* 2013).

Durch unterschiedliche redoxaktive Gruppen kann das Redoxpotential dieser Polymere stark variiert und den jeweiligen Potentialen des immobilisierten Proteins angepasst werden. Die in dieser Arbeit verwendeten Os- und Phenothiazin-modifizierten Polymere unterscheiden sich dabei in ihrem jeweilig möglichen Rahmen des Formalpotentials (Abb. 1-8).

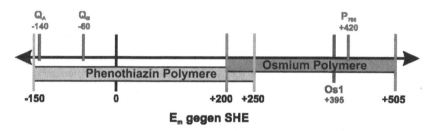

Abbildung 1-8: Schematische Darstellung der Redoxpotentiale. In Grün sind die jeweiligen Elektronen-donoren (Q_A und Q_B) von PS2 und der Elektronenakzeptor P_{700} des PS1 angegeben. Unten sind die möglichen Bereiche des Mittelpunktpotentials der Phenothiazin- (blau) und Os-modifizierten (orange) Polymere angeführt. Das verwendete Os-basierte Polymer Os1 mit dem zugehörigen Redoxpotential ist ebenfalls eingetragen.

1.7.1 Osmium modifizierte Polymere

Diese Polymere binden ligandenkoor-dinierte Osmium-Komplexe (Os^{2+}/Os^{3+}) als redoxaktive Gruppe (Abb. 1-9), die einen Ein-Elektronentransport ausführen. Osmi-um modifizierte Polymere besitzen mit 6 x 10^5 M^{-1} s^{-1} hohe Elektronentransferraten (Forster und Vos 1994) und weisen pH-Wert unabhängige Redoxpotentiale auf. Die Struktur des Polymers ist nicht dicht

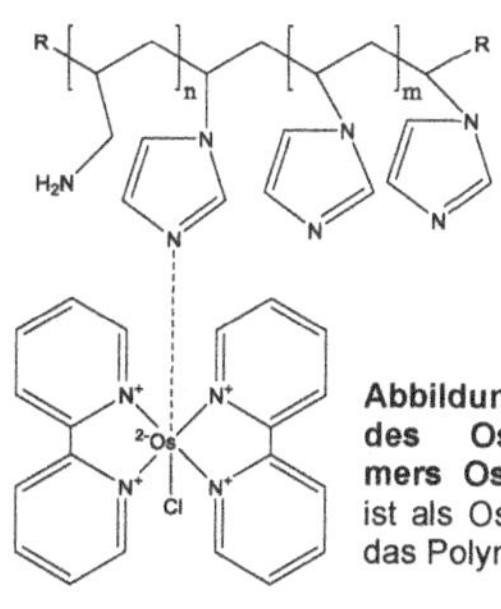

Abbildung 1-9: Strukturformel des Os-modifizierten Poly-mers Os1. Das redoxaktive Os ist als Os(bipy)₂Cl koordinativ an das Polymerrückgrat gebunden

gepackt, sondern bildet ein für kleinere Moleküle permeables Hydrogel aus.

Os-Polymere werden bereits vielfach zur Anbindung von Enzymen an Elektrodenoberflächen verwendet. Einige Beispiele für eine erfolgreiche Enzymanbindungen sind die Lactat-Oxidase (Gregg und Heller 1991), die Glucose-Oxidase (Gregg und Heller 1991; Sirkar *et al.* 2000) und die Bilirubin-Oxidase (Karnicka *et al.* 2007).

1.7.2 Os-modifizierte Redox-Hydrogele für die Anbindung von PS1 und PS2 zur bio-photovoltaischen Anwendung

Os-modifizierte Polymere sind bereits mehrmals zur Immobilisierung von PS1 und PS2 verwendet worden (Badura *et al.* 2011b). Die Kontaktierung von PS1 kann ohne größere Energieverluste bewerkstelligt werden, weil das Redoxpotential der Donorseite des PS1 (P_{700} mit +0,42 V) im Bereich der möglichen Potentiale der Os-modifizierten Polymere liegt (Abb. 1-8) (Badura *et al.* 2011a; Kothe *et al.* 2013; Kothe *et al.* 2014). Wird eine Spannung von +0,2 V gegen SHE angelegt, so wird das verwendete Os-Polymer (Os1) (Abb. 1-9) mit einem Redoxpotential von +0,395 V an der Elektrodenoberfläche reduziert und am PS1 unter Lichteinfall oxidiert. Der durch PS1 oxidierte Teil des Polymers wird durch „*electron hopping*" wieder reduziert und steht dem PS1 wieder als Elektronendonor zur Verfügung.

Die Kontaktierung von PS2 über Os-basierte Polymere konnte ebenfalls erfolgreich durchgeführt werden (Badura *et al.* 2008; Kothe *et al.* 2013). Dasselbe Polymer (Os1) wird bei einer angelegten Spannung von +0,5 V gegen SHE an der Elektrodenoberfläche oxidiert und an der Q_B Bindestelle des PS2 (-0,06 V) reduziert. Die so übertragenen Elektronen werden ebenfalls über „*electron hopping*" abgeführt und der wieder oxidierte Os-Komplex kann erneut ein Elektron von PS2 aufnehmen. Allerdings können die verwendeten Os-Polymere nicht den Potentialbereich der Akzeptorseite des PS2 erreichen (Abb. 1-8). Es entsteht zwar eine hohe Elektronentriebkraft, jedoch geht viel Energie in Form von Wärme verloren.

1.7.3 Phenothiazin basierte Polymere

Die redoxaktive Gruppe Phenothiazin-modifizierter Polymere sind kovalent gebundene Phenothiazine. Im Gegensatz zu Os-modifizierten Polymeren verläuft der Transport von Ladung über einen Zwei-Protonen-Zwei-Elektronen Transfer (Al-Jawadi *et al.* 2012). Aufgrund der Beteiligung von Protonen ist das Redoxpotential von Phenothiazin modifizierten Polymeren abhängig vom jeweiligen pH-Wert und verschiebt sich linear. Phenothiazin modifizierte Polymere bilden ebenfalls ein Hydrogel und sind somit genauso permeabel für kleinere Moleküle.

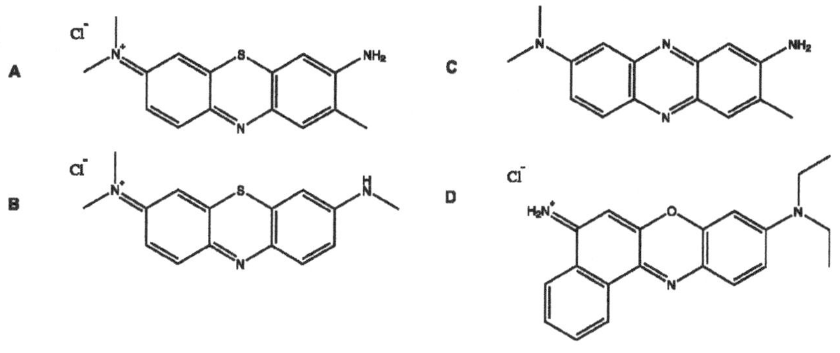

Abbildung 1-10: Strukturformeln der verwendeten Phenothiazine. A: Toluidinblau, B: Azurblau, C: Neutralrot, D: Nilblau

Abhängig vom verwendeten Phenothiazin kann das Redoxpotential des Polymers verändert bzw. vorbestimmt werden. Bei einem pH-Wert 7 liegt das Formalpotential für Toluidinblau (TB) (Kubota 1999) bei +34 mV, für Azurblau (AzB) bei -31 mV (Shan *et al.* 2002), für Neutralrot (NR) bei -81 mV (Pueyo *et al.* 1991) und für Nilblau (NB) bei -126 mV (Kubota 1999) (Abb. 1-10). Phenothiazin-modifizierte Polymere finden bislang Anwendung in der Immobilisierung und Kontaktierung von Hydrogenasen (Ciaccafava *et al.* 2010), Dehydrogenasen (Boguslavsky *et al.* 1995; Hassler *et al.* 2007) und Ureasen (Vostiar *et al.* 2002).

1.8 Ein semiartifizielles Analogon für das Z-Schema

Der Aufbau eines durch die Natur inspirierten Analogons des Z-Schemas der Photosynthese konnte bereits durch Kothe *et al.* (2013) gezeigt werden. Hierzu wurde das PS2 auf der anodischen und das PS1 auf der kathodischen Seite einer Biobatterie über verschiedene Redoxpolymere gebunden und elektrochemisch kontaktiert (Abb. 1-11 links). Bei Belichtung katalysiert PS2 die Spaltung von Wasser zu Protonen und Sauerstoff, wobei Elektronen frei werden, die über das Os-Polymer Os1 zur Elektrodenoberfläche abgeführt und in die kathodische Halbzelle verbracht werden. Bei Belichtung kommt es am PS1 ebenfalls zur Ladungstrennung. Die entstandene Elektronenlücke wird mit Elektronen aus der anodischen Halbzelle geschlossen. Die Elektronen werden terminal auf Methylviologen übertragen, welches letztlich durch Sauerstoff oxidiert wird und dem System erneut zur Verfügung steht (Badura *et al.* 2011a; Kothe *et al.* 2014). Somit ersetzen die Redoxpolymere alle zwischen dem PS2 und PS1 befindlichen, durch Diffusion bestimmten Elektronentransferschritte (Abb. 1-11 rechts).

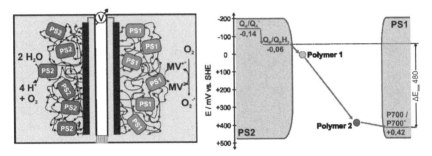

Abbildung 1-11: Schematischer Aufbau (links) und Elektronenübertragung (rechts) des semiartifiziellen Z-Schema Analogons. Links: Photosystem 2 (PS2) ist über ein Redoxpolymer 1 an die Elektrodenoberfläche gebunden. Photosystem 1 (PS1) wird über ein zweites Redoxpolymer kontaktiert und gibt die Elektronen terminal an Methylviologen (MV) ab.
Rechts: Die Elektronen werden über zwei Polymere von der Akzeptorseite des Photosystems 2 zur Donorseite des Photosystem 1 transportiert. Die Redoxpotentiale der beteiligten Komponenten der Enzyme sind angegeben

Es entsteht abhängig von den verwendeten Polymeren eine Spannung zwischen der PS1- und der PS2-basierten Elektrode (Kothe *et al.* 2013). Durch die gemessene Stromdichte von 2,0 µA/cm² und die maximale Spannung von 90 mV konnte eine Zellleistung von 23 nW/cm² durch Kothe *et al.* 2013 ermittelt werden.

1.9 Zielsetzung

Ziel der vorliegenden Arbeit war die Etablierung der angesprochenen Phenothiazin-modifizierten Polymere für eine Immobilisierung und elektrochemische Kontaktierung von PS2 in einer anodischen, elektrochemischen Halbzelle.

Hierzu sollten aus einer Palette Phenothiazin-modifizierter Polymere geeignete Kandidaten identifiziert werden. Vor materialwissenschaftlichem Hintergrund sollte die Stabilität und der elektrochemische Charakter geeigneter Kandidaten untersucht und modifiziert werden. Ferner sollte ihre Funktionsfähigkeit in Kombination mit PS2 in einer anodischen Halbzelle sowie die Langzeitstabilität von PS2 in dem System ermittelt werden. Anschließend sollte eine funktionsfähige PS2-basierte Photoanode mit einer etablierten PS1-basierten Photokathode kombiniert und in einer „Biobatterie" charakterisiert werden. Hierbei war das Ziel die elektrochemischen Eigenschaften dieser Biobatterie, wie Strom, Potentialdifferenz, Leistung, Füllfaktor und Wirkungsgrad zu ermitteln.

2. Material und Methoden

2.1 Aufreinigung von Photosystem 2

Das in dieser Arbeit verwendete PS2 wurde aus dem thermophilen Organismus *T. elongatus* nach Kuhl *et al.* (2000) aufgereinigt. Sowohl Wildtyp-PS2 (WT-PS2) als auch His-tag-PS2 (His-PS2), dessen Präparation nach Nowaczyk *et al.* (2006) erfolgte, wurden allgemein von Herrn Dr. Marc M. Nowaczyk zur Verfügung gestellt und zusammen mit Frau Claudia König isoliert. Die Durchführung der Aufreinigung ist schematisch in Abb. 2-1 dargestellt.

Zu Beginn wurde eine Vorextraktion der Thylakoidmembranen durchgeführt, indem diese mehrmals homogenisiert (Puffer: 500 mM Mannitol, 10 mM $MgCl_2$, 10 mM $CaCl_2$, 20 mM 2-(N-Morpholino)ethansulfonsäure (MES) pH 6.5 letzter Durchlauf mit 0,05 % [w/v] n-Dodecyl-β-D-Maltosid (β-DM)) und anschließend durch Zentrifugation (Sorvall RC-5B Refrigerated Superspeed Centrifuge, Thermo Fischer Scientific, Waltham (Massachusetts)/USA mit SS-34 Rotor) sedimentiert wurden.

Die eigentliche Extraktion der Membranproteine erfolgte über eine 30 minütige Inkubation bei 20 °C in Extraktionspuffer (20 mM MES pH 6.5, 10 mM $MgCl_2$, 10 mM $CaCl_2$, 1,2 % [w/v] β-DM, 0,5 % [w/v] Natriumcholat, Spatelspitze DNAse). Dieser enthielt Natriumcholat, welches das Verhältnis von monomerem zu dimerem PS2 zugunsten des Dimers verschiebt. Nach einer Zentrifugation (L8-80M Ultracentrifuge, Beckman, Brea (Kalifornien)/USA 60Ti Rotor) wurde der Überstand dekantiert und auf Eis gelagert.

Ein Saccharosegradient wurde vorbereitet, indem unter eine 14 %ige vorsichtig eine 80 %ige Succroselösung pipettiert wurde. Der Überstand der Extraktion wurde langsam auf den Gradienten aufgetragen. Während der Zentrifugation (L8-80M Ultracentrifuge, Beckman, Brea (Kalifornien)/USA 45Ti Rotor) wurden die extrahierten Proteine nach ihrer Dichte aufgetrennt. Die oberste Fraktion (Orange), die dem Cytochrom b_6/f-Komplex zuzuordnen ist, wurde verworfen, die grün bis grünblaue Fraktion wurde weiter verwendet.

Nachdem 300 mM NaCl und 10 mM Imidazol hinzugefügt worden waren, wurde die verwendete Schicht mittels IMAC (engl. *Immobilized Metal Ion Affinity Chromatography*) (Histrap FF crude 5 ml von GE Healthcare, Freiburg) aufgereinigt (Flussrate 1 ml/min). Dabei interagiert der His-tag des PS2 über Metallaffinität mit dem Nickel aktivierten Säulenmaterial. Bei Erhöhung der Imidazolkonzentration wurde das Protein von der Säule verdrängt und im Eluat aufgefangen (Equilibrierungspuffer: 50 mM MES pH 6,56, 10 mM $MgCl_2$, 10 mM $CaCl_2$, 300 mM NaCl, 500 mM Mannitol, 10 mM Imidazol, 0,03 % [w/v] β-DM; Elutionspuffer: 50 mM MES pH 6.56, 10 mM $MgCl_2$, 10 mM $CaCl_2$, 500 mM Mannitol, 500 mM Imidazol, 0,03 % [w/v] β-DM). Die grünen Fraktionen des Eluats wurden vereinigt und über Nacht gegen

Dialysepuffer (500 mM Mannitol, 10 mM MgCl$_2$, 10 mM CaCl$_2$, 20 mM MES pH 6.5, 0,03 % [w/v] β-DM) dialysiert.

Anschließend wurde die Proteinlösung über eine IEC (Ionenaustauschchromatographie) (Uno Q6 6 ml von BIO-RAD, Hercules (Kalifornien)/USA) weiter gereinigt (Flussrate: 3 ml/min) und die Fraktionen des Eluats abhängig von ihren Absorptionspeaks zu mehreren Sammelfraktionen vereinigt (500 mM Mannitol, 10 mM MgCl$_2$, 10 mM CaCl$_2$, 20 mM MES pH 6.5, linearer MgSO$_4$-Gradient über 25 Säulenvolumen von 0 mM bis 100 mM). Diese wurden abschließend gewaschen (Waschpuffer: 500 mM Mannitol, 10 mM MgCl$_2$, 10 mM CaCl$_2$, 20 mM MES pH 6.5), konzentriert (Konzentratoren, *Cutoff* 30 kDa, Merck Millipore, Billerica/USA) und über eine Aktivitätsbestimmung, BN-PAGE und SDS-PAGE charakterisiert. Abb. 2-1 zeigt ein Flussdiagramm des Ablaufs der PS2 Isolierung. Das isolierte PS2 wurde bis zur weiteren Verwendung bei -80 °C in Lagerpuffer (20 mM MES pH 6,5, 500 mM Mannitol, 10 mM MgCl$_2$, 10 mM CaCl$_2$, 0,015 % [w/v] β-DM) in einer Konzentrationen von 0,5 bis 1,5 µg/µl Chl a gelagert.

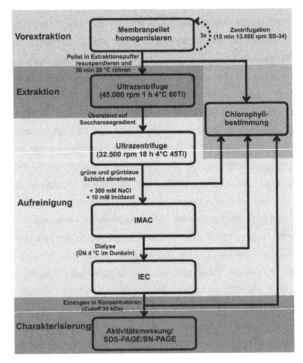

Abbildung 2-1: Flussdiagramm der PS2-Präparation. Die PS2 Präparation erfolgt über eine Vorextraktion, eine Extraktion, die anschließende Aufreinigung und die abschließende Charakterisierung. Parallel wird mehrmals eine Chlorophyllbestimmung durchgeführt.

2.1.1   *Chlorophyllbestimmung*

PS2 aus Cyanobakterien enthält nur Chl a. Aus 10 µl Probenvolumen wurde mittels 990 µl Methanol das Chl a extrahiert. Nach einer Minute Inkubation wurde die Probe zentrifugiert und die Absorptionen bei den Wellenlängen 750 nm, 665,2 nm und 652 nm photometrisch nach Porra *et al.* (1989) bestimmt (Spektralphotometer GeneQuant 1300, GE Healthcare, Freiburg). Der Mittelwert einer Dreifachbestimmung wurde gebildet und mit diesem die Konzentration des Chlorophylls nach folgender Formel berechnet:

$$c_{Chl\,a}[\frac{\mu g}{ml}]=16,29\times(OD_{665,2}-OD_{750})-8,54\times(OD_{652}-OD_{750})$$

2.1.2   *Natriumdodecylsulfat-Polyacrylamid-Gelelektrophorese (SDS-PAGE)*

Die SDS-PAGE erfolgte nach der Methode von Schägger und Jagow (1987), welche ein Verfahren für eine denaturierende Proteintrennung beschreibt (Schägger und Jagow 1987). Das Natriumdodecylsulfat lagert sich an die Oberfläche von einzelnen Proteinuntereinheiten an und denaturiert diese. Somit können Protein-Komplexe in ihre Untereinheiten unterteilt und nach ihrer Größe getrennt werden.

2.1.3   *Blau-native Polyacrylamid-Gelelektrophorese (BN-PAGE)*

Die BN-PAGE erfolgte nach der Methode von Schägger und Jagow (1991) und ist ein natives Proteintrennverfahren (Schägger und Jagow 1991). Die Quartärstruktur von Proteinkomplexen bleibt während der Elektrophorese erhalten. Über den Farbstoff Coomassie wird die Ladung verschoben und die verwendete Aminocapronsäure erhöht die Löslichkeit von Membranproteinen.

2.2 Aufreinigung von Photosystem 1

Das in dieser Arbeit verwendete PS1 wurde aus dem thermophilen Organismus *Thermosynechococcus elongatus* nach El-Mohsnawy *et al.* (2010) aufgereinigt und von Dr. Tim Kothe zur Verfügung gestellt.

Die Aufreinigung erfolgte über ein fusioniertes His-tag an der Untereinheit PsaF. Zunächst wurde eine IMAC und anschließend eine IEC durchgeführt. Das isolierte PS1 wird bis zur Verwendung bei -80 °C in einer Konzentration von 1 µg/µl Chl a gelagert.

2.3 Aktivitätsbestimmung von Photosystem 2

Die Aktivitätsbestimmung von PS2 erfolgte mittels einer Sauerstoffelektrode (FIBOX 2, PreSens Precision Sensing GmbH, Regensburg). Zuerst wurde die Sauerstoffelektrode mit O_2-gesättigtem Aktivitätspuffer (20 mM MES pH 6,5, 30 mM $CaCl_2$, 10 mM $MgCl_2$, 1 M Betain, 0,03 % [w/v] ß-DM) auf 100 % und Aktivitätspuffer mit einer Spatelspitze $Na_2S_2O_3$ auf 0 % O_2-Gehalt geeicht.

Es wurde eine bekannte Menge Chlorophyll in einer abgedunkelten Küvette unter stetigem Rühren gemessen. Es erfolgte eine Belichtung durch eine Kaltlichtquelle (KL 2500 LCD, Carl Zeiss AG, Deutschland) mit Rotlichtfilter (RG680, Schott AG, Mainz). Der Filter ist für Wellenlängen ≥680 nm durchlässig. Die Bestimmung für PS2 wurde in Messpuffer (50 mM MES pH 6.5, 10 mM $CaCl_2$, 10 mM $MgCl_2$, 0,03 % [w/v] β-DM) mit 5 mM Kalium-hexacyanoferrat(III) (FeCy) und 1 mM 2,6-Dichloro-1,4-benzochinon (DCBQ) als Elektronen-mediatoren durchgeführt.

Die Messung der Sauerstoffentwicklung mittels Sauerstoffelektrode beruht auf dem Prinzip der Lumineszenzquenchung. Dabei kollidieren die O_2-Moleküle mit Indikatormolekülen. Diese werden anschließend strahlungslos in den Grundzustand versetzt. Die Auswertung dieses Prozesses ist computerbasiert. Dabei wird die Steigung des Sauerstoffgehalts in einem gewissen Zeitraum verwendet, um Aufschluss über die Aktivität des Proteins zu erhalten.

2.4 Synthese der Polymere

Die Polymere wurden von Dr. Sascha Pöller synthetisiert und zur Verfügung gestellt. Die Synthese des Os-modifizierten Polymers Os1 erfolgte nach Pöller et al. (2012).

Die Synthese der verwendeten Phenothiazin-modifizierten Polymere erfolgte nach Pöller et al. (2012) und Pöller et al. (2013). Dabei wurde in einem ersten Teilschritt das Polymerrückgrat synthetisiert. In einem zweiten Teilschritt erfolgte die Anbindung des jeweiligen Phenothiazins an das Polymerrückgrat.

2.5 Reinigung der Elektroden

Die Glaskohlenstoff-Elektroden (GC, engl.: *glassy carbon*) mit einem Durchmesser von 3 mm (CH Instruments, Austin/USA) wurden mit Al_2O_3 mit einem Durchmesser von 0,3 µm für eine Minute unter leichtem Druck poliert. Anschließend wurden die Elektrodenoberflächen mit *A. dest* gespült und abschließend durch einen Argongasstrom getrocknet.

In regelmäßigem Abstand wurden die Elektroden zusätzlich zunächst mit Al_2O_3 mit einem Durchmesser von 3 µm und anschließend 1 µm vor der abschließenden Politur mit Al_2O_3 behandelt.

2.6 Herstellung einer Referenzelektrode

Zunächst wurde eine ungefähr 3 mm lange Keramikfritte (Metrohm, Filderstadt) in das verjüngende Ende einer gläsernen Pasteur-pipette (VWRI1823, VWR International) eingebracht und durch Erhitzen und Ziehen des Glases fixiert. Die Kontaktfläche der Keramikfritte wurde durch polieren mit Sandpapier (Körnung 400) freigelegt. Ein 10 cm langer Silberdraht (Ø 0,5 mm) wurde bei einer Spannung von anfangs 2,5 V für 1 min und langsamer Erhöhung der Spannung auf 5 V in 5 M HCl chloriert. Dabei findet folgende Reaktion statt:

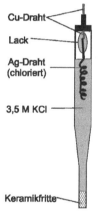

$$2\ Ag^0 + 2\ Cl^- \rightarrow AgCl + 2\ e^-$$

Als Kathode diente ein Platindraht, an dem während der Chlorierung als Gegenreaktion Wasserstoff freigesetzt wurde. Anschließend wurde der chlorierte Silberdraht an einen Kupferdraht (Ø 0,5 mm) gelötet und die Lötstelle durch einen Lack isoliert. In die vorbereitete Pasteurpipette wurde 3,5 M KCl gefüllt und der Draht

Abbildung 2-2: Schema des Aufbaus einer Referenzelektrode.

spiralförmig darin befestigt (Abb. 2-2). Die Pipette wurde mit einem Schrumpfschlauch verschlossen (abgeändert nach East und del Valle 2000). Für die Umrechnung der gemessenen Potentiale gegen Ag/AgCl 3,5 M in Werte gegen SHE müssen zu dem gemessenen Wert 205 mV addiert werden (Sawyer *et al.* 1995, Kapitel 5).

2.7 Aminfunktionalisierung von Glaskohlenstoffelektroden

Die Aminfunktionalisierung von GC-Elektroden erfolgte analog zu Ghanem *et. al*
(2008). Gereinigte und polierte Elektroden
wurden dabei mit tert-Butyl-(2-(2-(2-amino-
ethoxy)ethoxy)ethyl)carbamat   (Linker 36)
modifiziert (Abb. 2-3).

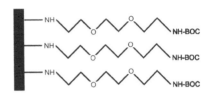

Dies geschah durch cyclische Voltammetrie
in einem Potentialbereich von 0,8-1,6 V bei
einer Vorschubgeschwindigkeit von 50 mV/s
in fünf Durchläufen. Die Elektroden wurden

**Abbildung 2-3: Kovalent an GC-Elektrode
gebundener Linker 36.** Über ein freies Amin
bindes der Linker kovalent an die
Elektrodenoberfläche. Die BOC-Schutzgruppe wird
kurz vor der weiteren Verwendung entfernt

unter Luftausschluss in trockenem Acetonitril mit 15 mM Linker 36 und 150 mM Tetrabutyl-
ammonium Tetrafluoroborat (TBA-TFB) beschichtet. Als Gegenelektrode diente
ein Platindraht (Ø 1 mm) und als Referenzelektrode eine Luggin-Haber-Referenzelektrode
mit 10 mM $AgClO_4$ und 150 mM TBA-TFB gelöst in CH_3CN im oberen und Elektrolytlösung
im unteren Segment. Kurz vor der weiteren Verwendung der Elektroden wurde die tert-
Butylcarbamat-Schutzgruppe (Boc) durch Tauchen in 4 M HCl mit Dioxan für eine Minute
und kurzes Waschen in 1 M $KOH_{aq.}$ entfernt. Anschließend wurden die Elektroden mit
Wasser und Ethanol abgespült und an der Luft getrocknet. Die weitere Verwendung der
modifizierten Elektroden erfolgte analog zur Beschichtung von Elektroden ohne Aminfunktionalisierung.

2.8 Schema der Elektrodenbeschichtung

Die Beschichtung der Elektroden erfolgte nach der „*drop coat*"-Methode.
Dabei wurde ein Tropfen des Polymer-Enzym-Gemischs auf die
gereinigte Elektrodenoberfläche gegeben und anschließend im Dunkeln
bei 4 °C für unterschiedliche Zeiten inkubiert (Abb. 2-4). Die Konzentrationen und verwendeten Komponenten unterschieden sich dabei
während der unterschiedlichen Versuchsansätze.

**Abbildung 2-4:
Polymertropfen
auf einer GC
Elektrode.**

2.8.1 Photosystem 1 Elektroden

Es wurden 2,5 µl des Polymer-Enzym-Gemischs (5 µg/µl Os1, 1 µg/µl PS1 und 0,02 µg/µl Poly(ethylenglycol)-diglycidylether (PEG-DGE) in Wasser gelöst) auf die Elektroden-oberfläche getropft. Anschließend wurden die Elektroden über Nacht bei 4 °C bei Dunkelheit inkubiert.

Vor den elektrochemischen Messungen wurden die Elektroden nach Kothe *et al.* (2014) für 1 h in Puffer (50 mM Tris-HCl pH 9, 10 mM $MgCl_2$, 10 mM $CaCl_2$ und 100 mM KCl) vorinkubiert.

2.8.2 Photosystem 2 Elektroden

Der verwendete Dithiol-Linker 2,2´-(Ethylendioxy)diethanthiol wurde zunächst in Dimethyl-sulfoxid (DMSO) (Stammlösung 280 µg/µl) gelöst. Die Zusammensetzung des Polymer-Enzym-Gemischs wurde mehrmals variiert. Sofern nicht anders angegeben wurden 5 µl eines Polymer-Enzym-Gemischs (10 µg/µl Polymer, 1 µg/µl PS2 und 70 µg/µl Dithiol-Linker gelöst in Puffer (10 mM MES pH 6.5, 2 mM $MgCl_2$, 2 mM $CaCl_2$ und 0.006 % [w/v] β-DM) auf die Elektrodenoberfläche getropft. Anschließend wurden die Elektroden für 3 h bei 4 °C bei Dunkelheit inkubiert.

Vor der elektrochemischen Messung wurden die Elektroden für fünf Minuten in Puffer (50 mM MES pH 6.5, 10 mM $MgCl_2$, 10 mM $CaCl_2$ und 0,03 % [w/v] β-DM) gewaschen.

2.8.3 Verwendete Polymere

Das verwendete Os-basierte Polymer Os1 (Abb. 1-9) (Badura *et al.* 2008) wurde für die Kontaktierung von PS1 eingesetzt (Kothe *et al.* 2014).

Außerdem wurden mehrere Polymere auf Basis von verschiedenen Phenothiazinen (Abb. 1-10) für die Kontaktierung von PS2 getestet. Die genauer getesteten Polymere P022-AzB und P023-TB unterscheiden sich im angebundenen Phenothiazin und P022 -AzB besitzt außerdem tertiäre Amine im Polymerrückgrat (Abb. 2-5). Die Strukturformeln der restlichen verwendeten Phenothiazin-modifizierten Polymere sind im Anhang zu finden (Abb. A-0-1).

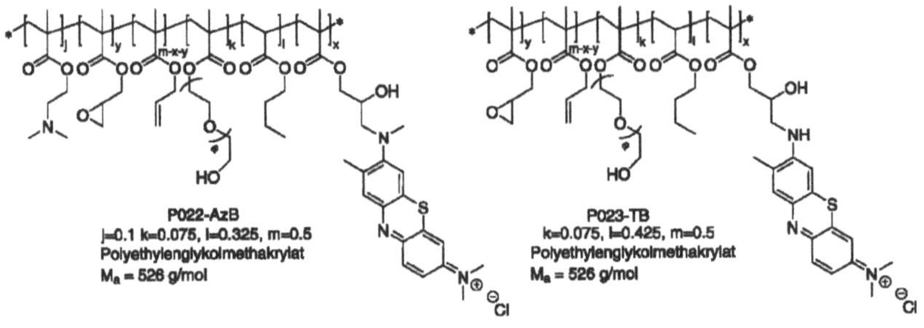

P022-AzB
j=0.1 k=0.075, l=0.325, m=0.5
Polyethylenglykolmethakrylat
M_a = 526 g/mol

P023-TB
k=0.075, l=0.425, m=0.5
Polyethylenglykolmethakrylat
M_a = 526 g/mol

Abbildung 2-5: Strukturformeln der Phenothiazin-modifizierten Polymere P022-AzB und P023-TB.

2.8.4 Verwendete Quervernetzer

Um die Polymere zu stabilisieren, wurden Quervernetzer verwendet. Diese sind abhängig von den einzelnen Komponenten des Polymers. Das Os-modifizierte Polymer Os1 kann über Amine im Polymerrückgrat (Abb. 1-9) und Epoxidgruppen des verwendeten Quervernetzers Poly(ethylenglycol)-diglycidylether (PEG-DGE) (Abb. 2-6 a) stabilisiert werden.

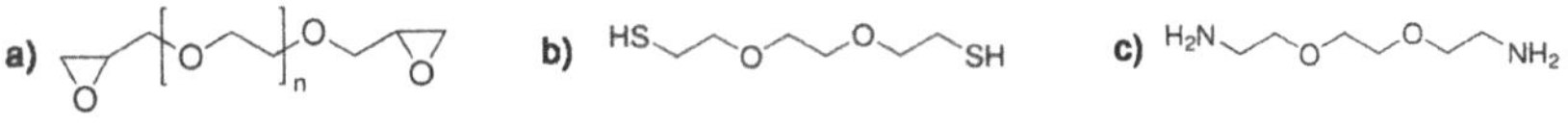

Abbildung 2-6: Verwendete Quervernetzer. a) PEG-DGE, b) Dithiol-Linker, c) Diamin-Linker

Die Phenothiazin modifizierten Polymere besitzen eine Epoxidgruppe im Polymerrückgrat und können über Dithiole oder Diamine quervernetzt werden. Es wurden als Quervernetzer 2,2´-(Ethylendioxy)diethanethiol (Dithiol-Linker) und 2,2´-(Ethylendioxy)bis(ethylamin) (Diamin-Linker) verwendet (Abb. 2-6 b+c).

2.9 Messanordnung

Die elektrochemischen Messungen wurden mit einem computergesteuerten Potentiostat (Autolab PGSTAT12, Metrohm Autolab B.V., Utrecht; Steuerungssoftware: General Purpose Electrochemical System (GPES) Version 4.9) durchgeführt. Es wurden GC- Elektroden mit einem Durchmesser von 3 mm als Arbeitselektroden, ein Platindraht mit einem Durchmesser von 1 mm als Gegenelektrode und eine selbst hergestellte Ag/AgCl-Elektrode (3,5 M KCl), wie in Abschnitt 2.6 beschrieben, als Referenzelektrode verwendet.

Die Steuerung der verwendeten Licht emittierenden Dioden (LED: red high power LED FAT-685-40, Roithner Lasertechnik GmbH, Wien) erfolgte über ein computergestütztes Steuerelement (PXI-1033, National Instruments Germany GmbH, München) mit programmierbarem DC-Präzisionsnetzteil (PXI-4110; Steuerungssoftware: NI-DCPower Soft Front Pannel Version 1.8.5). Die verwendeten LED emittieren Licht bei einer Wellenlänge von 685 nm mit einer maximalen Intensität von 34,9 mW/cm². Der Messaufbau erfolgte in einem Faradayschen Käfig.

2.9.1 Drei-Elektroden-Messaufbau

Der Drei-Elektroden-Messaufbau diente für Messungen der cyclischen Voltammetrie und der Chronoamperometrie an einer Arbeitselektrode. Die Messzelle, die in Abschnitt 2.8 beschriebenen Arbeitselektroden und die LED wurden dabei exakt fixiert, um einen identischen Abstand zwischen der Elektrodenoberfläche und der LED zu gewährleisten und verschiedene Messungen vergleichbar zu machen. Bei Langzeitmessungen konnte die verwendete LED gekühlt werden, um eine Änderung der Strahlungsintensität über die Zeit zu verhindern. Die Arbeitselektrode befand sich in einer Elektrolytlösung, die abhängig vom verwendeten Protein gewählt wurde (Abb. 2-7). Für PS1 wurde ein saurer Messpuffer verwendet (50 mM Natriumcitrat pH 4, 10 mM $MgCl_2$, 10 mM $CaCl_2$) dem 3 mM Methylviologen (MV) zugesetzt wurde. Außerdem wurde bei chronoamperometrischen Messungen der Messpuffer kontinuierlich mit O_2 begast, wobei ein direkter Kontakt der Gasblasen mit der Elektrodenoberfläche vermieden wurde.

Für PS2 wurde ein Messpuffer auf MES Basis verwendet (50 mM MES pH 6.5, 10 mM $MgCl_2$, 10 mM $CaCl_2$ und 0,03 % [w/v] β-DM).

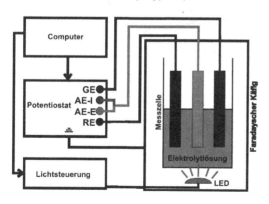

Abbildung 2-7: Messaufbau elektrochemischer Messungen im Drei-Elektroden-Messaufbau. Die Steuerung des Potentiostaten und der Lichtregelung erfolgt computerbasiert. Alle Elektroden (GE/RE/AE) befinden sich in einer Messzelle, die mit einer Elektrolytlösung gefüllt ist. Die Messzelle kann über eine LED beleuchtet werden und befindet sich in einem geerdeten Faradayschen Käfig

2.9.2 Zwei-Elektroden-Messaufbau

Für die elektrochemische Charakterisierung von Biobatterien wurde ein Zwei-Elektroden-Messaufbau verwendet. Dabei befand sich die PS1 Elektrode als Arbeitselektrode in einer Messzelle mit einer angepassten Elektrolytlösung (s. Abschnitt 2.9.1). Die Referenz- und Gegenelektrode wurden kurzgeschlossen und die angeschlossene PS2 Elektrode in einer zweiten Messzelle mit ebenfalls angepasster Elektrolytlösung fixiert (s. Abschnitt 2.9.1). Über eine Salzbrücke mit 3,5 M KCl-Lösung wurden die beiden Halbzellen miteinander verbunden (Abb. 2-8). Unter jeder Messzelle befanden sich identische LED, die auf die gleiche Strahlungsintensität eingestellt wurden.

Die Bestimmung der Leerlaufspannung (OCV engl. *open circuit voltage*) erfolgte über den Potentiostat nach Haddad *et al.* (2013). Das OCV wurde zu Beginn der Messungen angelegt und der Photostrom bestimmt. Anschließend wurde die Spannung schrittweise reduziert, wobei der jeweilige Photostrom bestimmt wurde.

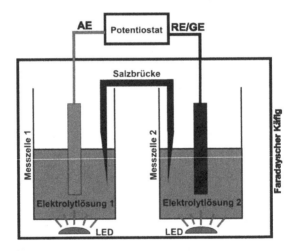

Abbildung 2-8: Messaufbau für Messungen der Biobatterie. Die Steuerung des Potentistaten und der LEDs erfolgt wie im Drei-Elektroden-Setup. Die Arbeitselektrode und die kurzgeschlossene Referenz- und Gegenelektrode befinden sich in unterschiedlichen Messzellen, die über eine Salzbrücke (3,5 M KCl) verbunden sind.

2.10 Zyklische Voltammetrie

Die Zyklische Voltammetrie ist ein Standardverfahren für die Analyse von Redoxreaktionen. In einem Drei-Elektroden-Messaufbau (s. 2.9.1) wird das angelegte Potential an die Arbeitselektrode über die Zeit geändert. Diese Änderung verläuft linear von einem Startpotential (E_1) bis zu einem Umkehrpotential (E_2) und von diesem wieder linear zurück zum Startpotential (Abb. 2-9).

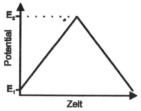

Während dieser Potentialänderung wird die erhaltene Stromstärke detektiert. Finden an der Elektroden-oberfläche Redoxreaktionen statt, so ergibt sich ein charakteristisches Zyklovoltammogramm (CV) (Abb. 2-10).

Abbildung 2-9: Potentialänderung der cyclischen Voltammetrie

Aus einem CV können mehrere Informationen über elektrochemische Charakteristika einer redoxaktiven Komponente gezogen werden. Dabei kann aus den beobachteten Potentialen des Oxidations- und Reduktionspunkts das Mittelpunktpotential über die Formel $E_m = \frac{(E_{red} + E_{ox})}{2}$ berechnet werden. Neben der Bestimmung des Mittelpunktpotentials lässt ein CV auch Berechnungen zur Oberflächen-konzentration (Γ) von an der Elektrode gebundenen redoxaktiven Komponenten mit Hilfe der Formel $\Gamma = \frac{Q}{nFA}$ zu, wobei Q für die Ladung, n für die Zahl der redoxaktiven Teilchen, F für die Faraday-Konstante und A für die Oberfläche steht. Ebenfalls lassen sich Elektronen-transferkinetiken auf mögliche Limitierungen hin untersuchen. Durch die Beobachtung der Änderung des jeweiligen Stroms am Oxidations- und Reduktionspunkt kann außerdem die Stabilität eines Polymerfilms auf der Elektrode analysiert werden.

Die wichtigsten Parameter während einer zyklischen Voltammetrie sind das Startpotential, das Umkehrpotential und die Vorschubgeschwindigkeit, welche durch die Änderung des Potentials pro Zeit ($\Delta V/s$) beschrieben wird.

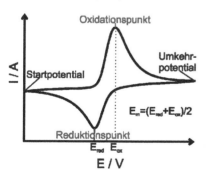

Abbildung 2-10: Zyklisches Voltammogramm (CV). Es ist die typische Form des CV einer einfachen Redoxreaktion gezeigt. Außerdem ist die Formel der Berechnung von E_m angegeben.

2.11   Chronoamperometrie

Die Chronoamperometrie wurde zur Detektion von photoinduzierten Strömen verwendet. Es wurde ein definiertes Potential an die Arbeitselektrode angelegt und der fließende Strom über die Zeit beobachtet. Um ein eingebundenes Photosystem untersuchen zu können, wurde das Polymer, welches zu dessen Immobilisierung verwendet wurde, reduziert oder oxidiert. Es wurde ȇine unbestimmte Zeit gewartet, bis die Änderung des Stroms im Dunkeln über die Zeit vernachlässigbar war. Dieser Zustand wird als Basislinie bezeichnet. Wurde nun durch Einschalten der LED eine photoinduzierte Ladungstrennung an den Enzymen erzeugt, floss ein Strom.

2.11.1 Messung von Photoströmen

Die Messung von Photoströmen erfolgte in der Regel während einer Chronoamperometrie. Die Elektrode wurde über einen gewissen Zeitraum mit Licht bestrahlt und die resultierende Änderung des Stroms beobachtet.

Neben der Chronoamperometrie wurde ebenfalls die zyklische Voltammetrie verwendet, um Photoströme zu detektieren. Dabei wurden Durchläufe ohne Belichtung mit Durchläufen mit Belichtung einer Elektrode hinsichtlich ihres anodischen bzw. kathodischen Stroms verglichen

3. Ergebnisse

3.1 Isolierung von Photosystem 2

Die erste chromatographische Aufreinigung des His-PS2 aus den bereits vorextrahierten Thylakoidmembranen erfolgte durch eine IMAC, um das His-PS2 von den restlichen Membranproteinen zu trennen. Das erhaltene Elutionsprofil ist in Abb. 3-1 dargestellt. Es werden die Wellenlängen 260 nm für die Absorption durch Verunreinigungen mit Nucleinsäuren, 280 nm für die Absorption von Tryptophan und Tyrosin und 680 nm für die Absorption von Chlorophyllen und im speziellen PS2 betrachtet. Zusätzlich werden die Leitfähigkeit und die Konzentration des Imidazol-haltigen Elutionspuffers gezeigt. Die Konzentration des Elutionspuffers wird dabei nicht gemessen, sondern nur theoretisch durch die Ansteuerung der unterschiedlichen Pumpen der ÄKTA bestimmt.

Die Säule wird zunächst mit Puffer einer niedrigen Imidazolkonzentration (10 mM) equilibriert. Durch diese geringe Konzentration wird die Bindung eines His-tag am Säulenmaterial nicht beeinflusst, aber unspezifische Bindungen verhindert. Somit kommt es beim Probenauftrag zu einer großen Proteinfraktion im Durchlauf, die nicht mit dem Säulenmaterial interagieren kann. Ein anschließender Waschschritt eluiert restliche Proteine, die nicht am Säulenmaterial gebunden sind. Durch die Erhöhung der Imidazolkonzentration wird das His-PS2 von der Säule verdrängt und eluiert. Die Fraktionen des Eluats mit erhöhten Absorptionen werden dabei gesammelt, vereinigt und weiter verwendet.

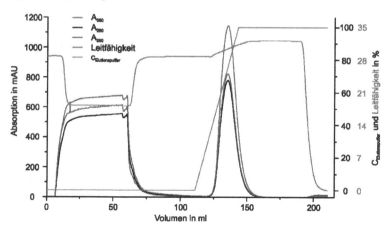

Abbildung 3-1: Elutionsprofil der IMAC. Die Leitfähigkeit und die Absorptionen bei den Wellenlängen 680 nm, 260 nm und 280 nm werden im Eluat gemessen. Die Elution erfolgt über einen Gradienten von 10 mM bis 500 mM Imidazol über 6 Säulenvolumina.

Nach der durchgeführten IMAC-Aufreinigung wurde eine Dialyse des gesammelten Eluats durchgeführt, um die hohe Imidazolkonzentration der Probe zu entfernen. Das Eluat wurde über eine IEC-Säule weiter gereinigt. Dabei sollte monomeres und dimeres sowie aktives und inaktives PS2 voneinander getrennt werden. Nach der Beladung der Säule ist nur eine sehr geringe Absorption zu sehen, die dafür spricht, dass die zuvor durch die IMAC-Säule gereinigte Proteinlösung nur noch sehr wenige Proteine neben PS2 enthält. Bei Erhöhung der MgSO$_4$-Konzentration wird das PS2 von der IEC-Säule eluiert. Die Elution zeigt dabei insgesamt sechs Elutionspeaks (Abb. 3-2).

Erwartet wurden allerdings lediglich fünf Absorptionspeaks, wobei Peak 3 die größte Absorption aufweisen sollte (Grasse *et al.* 2011). Die einzelnen Peaks sollten dabei verschiedenen Zusammensetzungen des Proteinkomplexes entsprechen. Das Eluat wird nach Peaks separiert gesammelt.

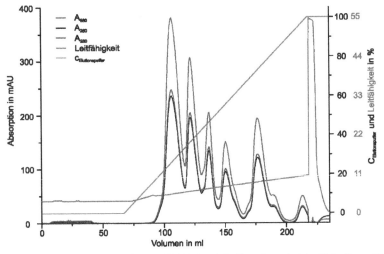

Abbildung 3-2: Elutionsprofil der IEC. Die Leitfähigkeit und die Absorptionen bei den Wellenlängen 680 nm, 260 nm und 280 nm werden im Eluat gemessen. Die Elution erfolgt über eine Gradienten von 0 mM bis 100 mM MgSO$_4$ über 25 Säulenvolumina.

Während der Aufreinigung wurde der Chlorophyllgehalt dreimal bestimmt. Durch diesen Gehalt und das Probenvolumen kann die absolute Menge des Chlorophylls bestimmt werden und somit Rückschluss auf den Proteingehalt während der Aufreinigung gezogen und die Verluste von chlorophyllhaltigen Proteinen während der einzelnen Teilschritte analysiert werden (Tab. 3-1).

Tabelle 3-1: Chlorophyllgehalt während der PS2 Isolierung.

Chl-Extraktion	$c_{Chl\,a}$ [µg/ml]	Volumen [ml]	Chl a [mg]
vor Extraktion	365,2	100	36,5
nach Saccharosegradient	56,5	106	5,99
nach Dialyse	50,71	35	1,77

Um den Proteingehalt der einzelnen Fraktionen der Aufreinigung berechnen zu können, wurde am Ende der Aufreinigung der Chlorophyllgehalt der verschiedenen Elutionsfraktionen und die absolute Menge Chl a der einzelnen Proben bestimmt und der erhaltene Chlorophyllwert in µg mit dem Faktor 7,8 multipliziert um den Proteingehalt in µg zu erhalten (Tab. 3-2).

Tabelle 3-2: Chlorophyllgehalt und Aktivität der einzelnen Peaks nach der PS2 Isolierung.

Parameter	Peak 1	Peak 2	Peak 3	Peak 4	Peak 5	Peak 6
$c_{Chl\,a}$ [µg/µl]	1,425	0,932	0,668	0,52	0,844	0,097
Volumen [µl]	255	260	248	270	275	222
Chl a [µg]	363	239	165	140	232	21
PS2 [mg]	2,83	1,86	1,29	1,09	1,81	0,16

Mit steigender Peakzahl sinkt der Chlorophyll- und somit der Proteingehalt, wobei Peak 5 ebenfalls wie im Elutionsprofil der IEC-Säule eine Ausnahme bildet. Es konnten nur 239 µg Chl a des aktiven Monomers, 165 µg Chl a des aktiven Dimers und 140 µg Chl a des weniger aktiven Dimers aus einem Anzuchtvolumen von 20 L aufgereinigt werden. Der anfängliche Chlorophyllgehalt betrug 36,5 mg. In einer durchschnittlichen Aufreinigung des His-PS2 können aus 30 mg Chlorophyll zu Beginn der Aufreinigung in etwa 300 -400 µg des aktiven Dimers Peak 3 isoliert werden (Grasse et al. 2011). Diese Effizienz konnte nur zu 40 % erreicht werden.

Aufgrund der unterschiedlichen Chlorophyllkonzentrationen wird die Auftragsmenge der einzelnen Elutionsfraktionen für die Charakterisierung durch eine BN-PAGE auf jeweils 2 µg und für eine SDS-PAGE auf

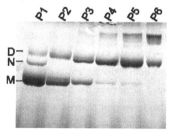

Abbildung 3-3: BN-PAGE. Aufgetragen wurden Peak 1 bis Peak 6 (P1-P6) des aufkonzentrierten IEC-Eluats von links nach rechts. Die untere Bande entspricht dem PS2-Monomer (M), die obere dem PS2-Dimer (D). Die mittlere Bande der Fraktion P1 entspricht dem NDH-1-Komplex. Auftrag 2 µg Chl a.

2,5 µg Chlorophyll, durch Verwendung unterschiedlicher Volumina, normiert. Somit ist ein Vergleich der in den Fraktionen enthaltenen Proteine möglich.

Das Chlorophyll ist in den unterschiedlichen Peaks dabei auf verschiedene Zusammensetzungen des PS2-Komplexes aufgeteilt. Die BN-PAGE zeigt Banden auf Höhe des dimeren PS2 in allen Fraktionen, wobei deren Intensität und somit der prozentuale Anteil an der jeweiligen Fraktion bei späterer Elution zunimmt. Ausgenommen ist Peak 6, der eine schwächere Bande als Peak 5 auf dieser Höhe aufweist. Stattdessen ist bei Peak 6 eine deutliche Bande über dem dimeren PS2 zu sehen, die in abgeschwächter Form auch bei Peak 4 und 5 erkennbar ist. Monomeres PS2 ist deutlich in den Peaks 1 bis 3 zu erkennen und leichte Banden in den Peaks 4 und 5 (Abb. 3-3). Erwartet wurden für die Absorptionspeaks 1 und 2 nur monomeres und für die Absorptionspeaks 3 bis 5 dimeres PS2. Peak 6 sollte hingegen nicht vorhanden sein. In Peak 1 ist eine zusätzliche Bande zwischen monomeren und dimeren PS2 zu erkennen. Diese entspricht wahrscheinlich der NADH-Plastochinon-Reduktase (NDH-1), die mit dem Komplex 1 der Respiration in Mitochondrien verwandt ist und ebenfalls in der Thylakoidmembran des Cyanobakteriums *T. elongatus* vorkommt.

Die durchgeführte SDS-PAGE zeigt die einzelnen in den Fraktionen enthaltenen Proteinuntereinheiten (Abb. 3-4). Es können die Proteinuntereinheiten CP47, CP43, PsbO, D1, D2, PsbV, PsbU und Psb27 der einzelnen Peaks der Aufreinigung miteinander verglichen werden.

Auffallend ist eine stärker ausgeprägte Bande des PsbO in den Fraktionen der Peaks 2-4. Banden kleinerer Untereinheiten sind nur schwach zu erkennen. Da die Fraktionen eine unterschiedliche Zusammensetzung der Untereinheiten des PS2 besitzen, ist anzunehmen, dass es zumindest eine teilweise Auftrennung gab. Ein Vergleich dieser SDS-PAGE mit der O_2-Aktivität der einzelnen Peaks zeigt für die verstärkt PsbO enthaltenden Peaks 2-4 auch eine wesentlich höhere Aktivität als die der Peakfraktionen 1, 5 und 6. Peakfraktion 3 zeigt die höchste Aktivität mit knapp 5000 µmol[O_2]/mg[Chl a]/h (Tab. 3-3). Wird der Aktivitätstest mit dem Aktivitätstest in der von Grasse *et al.* (2011) publizierten Aufreinigung verglichen, zeigt sich, dass die gesammelten Fraktionen der Absorptionspeaks 1 bis 5 wahrscheinlich den jeweiligen Nummerierungen der Veröffentlichung entsprechen. Erwartet wurde jedoch, dass die Fraktion des Peak 5 inaktiv ist. Die möglichen Ursachen des Peak 6 und der Restaktivität des Peak 5 werden in Abschnitt 4 kurz aufgegriffen.

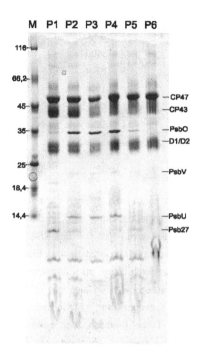

Abbildung 3-4: SDS-PAGE. Aufgetragen wurde ein komerzieller Größenmarker (M) und die Peaks 1 bis 6 von links nach rechts (P1-P6). Die molekulare Masse der einzelnen Banden des Markers ist in kDa angegeben. Die wahrscheinlichen Lagen der Proteinuntereinheiten CP47, CP43, PsbO, D1, D2, PsbV, PsbU und Psb27 sind beschriftet.

Das isolierte His-PS2 kann aufgrund seiner Aktivität dennoch für Versuche verwendet werden, in denen die Dimerisierung keinen Einfluss hat. Für gezielte Untersuchungen von monomeren PS2 oder dimeren PS2 und die Unterscheidung in die aktiven und inaktiven Formen ist es aber ungeeignet. Durch die wahrscheinliche Bildung von artifiziellen Dimeren über den His-tag könnte eine Immobilisierung an NTA-aktivierten Oberflächen gestört sein.

Tabelle 3-3: Messung der O2-Entwicklung mittels Sauerstoffelektrode.

Peak	Aktivität [μmol O_2/mg$_{Chl\ a}$/h]
1	439
2	3600
3	4944
4	3144
5	744
6	233

3.2 Polymerscreening

Um Elektronen von PS2 aufnehmen zu können, müssen die redoxaktiven Gruppen des immobilisierenden Polymers oxidiert vorliegen. Somit wird an die Elektrode ein Potential angelegt, bei dem das Polymer oxidiert wird. Wird nun das PS2 belichtet kommt es zur Ladungstrennung innerhalb des Proteins und die entstehenden Elektronen werden auf das Polymer und durch „electron hopping" durch dieses zur Elektrodenoberfläche transportiert. Wird das Polymer als Ganzes betrachtet, wird es also am PS2 reduziert und an der Elektrodenoberfläche oxidiert. PS2 verwendet zur Abgabe der Elektronen einen Zwei-Elektronen-zwei-Protonen Transport. Diese Reaktion zeigt somit eine Abhängigkeit des Mittelpunktpotentials vom pH-Wert. Das zuvor für die Immobilisierung von PS2 verwendete Os-modifizierte Polymer führt einen pH-unabhängigen Ein-Elektronen Transport aus (Badura et al. 2008; Kothe et al. 2013).

Da der pH-Wert innerhalb eines Hydrogels von der umgebenden Flüssigkeit abweichen kann und durch die von PS2 katalysierte Reaktion Protonen entstehen, die das lokale Milieu in einen saureren Bereich verschieben könnten, ist ein gleichermaßen vom pH-Wert abhängiges Polymer wünschenswert.

Die in dieser Arbeit verwendeten Phenothiazin-modifizierten Polymere transportieren Elektronen wie das PS2 über einen Zwei-Elektronen Transport (Pöller et al. 2013) und sind in ihrem Mittelpunktpotential in gleichem Maße abhängig vom pH-Wert wie PS2. Aufgrund dieser parallelen Verschiebung bleibt die Differenz der Redoxpotentiale der Akzeptorseite des PS2 und des Polymers bei sich verändernden pH-Werten stets konstant. Hinzu kommt ein näheres Mittelpunktpotential der Phenothiazin-modifizierten Polymere zur Akzeptorseite des PS2, was diese für die Anwendung in einer PS2-basierten anodischen Halbzelle sehr interessant macht.

Anfangs wurde ein Polymerscreening der Phenothiazin-modifizierten Polymere durchgeführt, um Polymere, die für die Immobilisierung und Kontaktierung von PS2 verwendet werden könnten, zu identifizieren. Faktoren wie die Löslichkeit in Wasser und die mögliche elektrochemische Kontaktierung von PS2 müssen bei der Wahl eines Phenothiazin-Polymers für die Immobilisierung des PS2 berücksichtigt werden. Ist das Polymer zum Beispiel nicht wasserlöslich, kann es nicht in PS2-Aktivitätspuffer für die Beschichtung der Elektroden verwendet werden. Leitet es die Elektronen, die am PS2 bei Belichtung entstehen nicht weiter oder nimmt diese nicht auf, kann die Lichtenergie nicht elektrochemisch genutzt werden und es kommt zu einer Schädigung des PS2 (s. Abschnitt 4.8). Es wurden alle verfügbaren Phenothiazin-modifizierten Polymere untersucht, die in einem ähnlichen Potentialbereich wie die Akzeptorseite des PS2 liegen. Die Polymere wurden, soweit möglich, mit einer Endkonzentration von 20 µg/µl zusammen mit einer PS2-Konzentration von 1 µg/µl untersucht. Die Polymere P004-NR, P018-AzB und P022-NB konnten aufgrund ihrer schlechten Löslichkeit in Wasser nur in niedrigeren Konzentrationen eingesetzt werden (P004-NR ~1 µg/µl; P018-AzB und P022-NB je 5 µg/µl). Es wurde kein Quervernetzer verwendet. Die Photoströme von jeweils einer Elektrode wurden bei einer angelegten Spannung von +500 mV gegen SHE gemessen. Die erhaltenen Daten sind in folgender Abb. 3-5 grafisch aufgetragen.

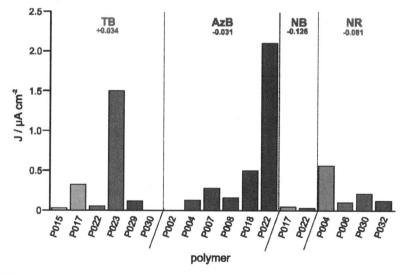

Abbildung 3-5: Polymerscreening. Aufgetragen ist der jeweilige Photostrom des PS2 (1 µg/µl) bei einer Immobilisierung in dem jeweiligen Polymer (i.d.R. 20 µg/µl). Die Polymere werden mit steigender Nummerierung hydrophiler. Die verwendeten Phenothiazine und deren Formalpotential sind angegeben. TB=Toluidinblau, AzB=Azurblau, NB=Nilblau, NR=Neutralrot.

Die getesteten NB-modifizierten Polymere zeigen keine erkennbaren Photoströme. Dies ist zu erwarten, da das Redoxpotential von NB mit -126 mV gg. SHE negativer ist als das des Q_B in PS2 (-60 mV). Eine Kontaktierung über NR-modifizierte Polymere zeigt hingegen Photoströme von bis zu 0,57 µA/cm² (P004-NR). Da das Redoxpotential des NR mit -81 mV gg. SHE immer noch negativer ist als das der Q_B-Bindestelle des PS2 sind die gemessenen Photoströme wahrscheinlich nicht auf den Transport von Elektronen von der Q_B-Bindestelle zurückzuführen. Eventuell wurde das Q_A des PS2 über die NR-modifizierten Polymere kontaktiert. Ein Elektronentransport gegen das Potentialgefälle ist ebenfalls möglich (Kothe et al. 2013), sodass PS2 bei einer großen Triebkraft Elektronen auch von Q_B auf die im Redoxpotential leicht negativeren Polymere übertragen könnte. Außerdem kann das Formalpotential des NR innerhalb des Polymers P004 leicht verschoben sein und die geringe Differenz zwischen den Redoxpotentialen soweit verschieben, das ein normaler Elektronentransport von Q_B auf P004-NR möglich ist. Das Polymer P004-NR, welches den höchsten Photostrom der NR-modifizierten Polymere erzielt ist zudem sehr schlecht wasserlöslich und kann nicht in höheren Konzentrationen verwendet werden.

Bei der Kontaktierung des PS2 über TB- und AzB-modifizierte Polymere steigt der gemessene Photostrom bei hydrophileren Polymerrückgraten an. Lediglich sehr hydrophile Polymerrückgrate, wie P029 und P030 zeigen weniger bis gar keinen Photostrom. Diese können wahrscheinlich aufgrund ihrer guten Löslichkeit nicht stabil genug an die Elektrodenoberfläche binden.

Die beiden Phenothiazine AzB und TB sind aufgrund ihres Mittelpunktpotentials besser geeignet, um Elektronen von der Q_B-Bindestelle des PS2 abzuführen. AzB liegt dabei mit einem Potential von -31 mV gg. SHE sehr nahe dem Redoxpotential von Q_B, TB ist mit +0,034 mV etwas weiter entfernt. Die maximalen Photoströme wurden somit wie erwartet mit diesen Phenothiazinen gemessen.

3.3 Charakterisierung der Polymere P023-TB und P022-AzB

Aufgrund der im Polymerscreening erhaltenen Daten wurden die Polymere P023-TB und P022-AzB in weiteren Versuchen charakterisiert, um ihre Funktionsfähigkeit in anodischen PS2-basierten Halbzellen zu untersuchen. Hierzu wurde eine zyklische Voltammetrie durchgeführt.

3.3.1 Formalpotential von P023-TB und P022-AzB

Die Formalpotentiale der Polymere P023-TB und P022-AzB wurden mittels zyklischer Voltammetrie bestimmt (Abb. 3-6). Die Bestimmung der Formalpotentiale wurde in einem einheitlichen pH-Wert von 6,5 durchgeführt, da dieser dem pH-Wert des Messpuffers der späteren Versuche mit PS2 entspricht. In der folgenden Abb. 3-6 sind die CVs der beiden Polymere dargestellt, anhand derer sich der Oxidations- und Reduktionspunkt ablesen lassen, wodurch das Formalpotential errechnet werden kann.

Die Messung ergab bei einem pH-Wert 6,5 für das Polymer P023-TB ein Mittelpunktpotential von -147 mV gegen Ag/AgCl 3,5 M (+58 mV gg. SHE). Das Polymer P022-AzB besitzt ein Mittelpunktpotential von -164 mV gegen Ag/AgCl 3,5 M (+41 mV gg. SHE).

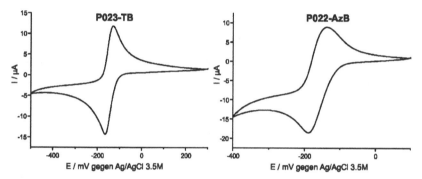

Abbildung 3-6: CV von P023-TB (links) und P022-AzB (rechts) ohne Quervernetzer. Die Vorschubgeschwindigkeit beträgt 100 mV/s. Elektrodenbeschichtung jeweils 20 µg/µl des angegebenen Polymers. Messungen in 5 ml Puffer: 20 mM MES pH 6,5, 30 mM CaCl$_2$, 10 mM MgCl$_2$, 1 M Betain, 0,03 % [w/v] β-DM. Gezeigt ist jeweils Scan 2.

Die Analyse der Formalpotentiale der Polymere P022-AzB und P023-TB zeigt, dass durch die Anbindung an das Polymerrückgrat die eigentlichen Redoxpotentiale der Phenothiazine leicht in positiver Richtung verschoben sind. Somit entsteht eine Potentialdifferenz von ungefähr 100 mV gegenüber der Q$_B$-Bindestelle des PS2, wenn die Verschiebung des Redoxpotentials in Bezug auf den pH-Wert berücksichtigt wird. Diese Potentialdifferenz erleichtert es dem PS2 Elektronen auf das Polymer zu übertragen.

3.4 Stabilisierung des Phenothiazin-Polymerfilms

Die Polymere P023-TB und P022-AzB zeigen ohne weitere Modifikationen nur eine geringe Stabilität auf der Elektrodenoberfläche. Um eine Abhängigkeit des Photostroms von der Aktivität des PS2 bestimmen zu können, muss das Protein stabil durch das Polymer an die Elektrodenoberfläche gebunden werden. Die genauer charakterisierten Polymere P022-AzB und P023-TB sind relativ hydrophil im Vergleich zu anderen Polymeren des Polymerscreenings. Ohne weitere Modifizierung lösen sie sich in wässriger Lösung deshalb schnell von der Elektrodenoberfläche ab.

Da die Polymere P023-TB und P022-AzB ohne weitere Modifikationen nicht stabil auf der Elektrodenoberfläche haften, muss der Polymerfilm zunächst stabilisiert werden. Die Stabilität des Polymerfilms wurde über die Abnahme des Oxidations- und Reduktionspunkts in einem CV bestimmt. Möglichkeiten der Stabilisierung des Polymerfilms auf der Elektrodenoberfläche stellen Quervernetzer dar, die das Polymer durch kovalente Querverstrebungen stabilisieren. Auch eine kovalente Bindung des Polymers über Linker-Moleküle direkt an die Elektrodenoberfläche ist möglich.

Als Vergleich wurde eine Stabilitätsmessung ohne den Einsatz eines Quervernetzers über zehn Durchläufe für P023-TB durchgeführt. Diese zeigte einen deutlichen Verlust am Oxidations- und Reduktionspunkt mit steigender Durchlaufzahl (Abb. 3-7).

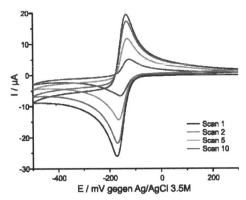

Abbildung 3-7: CV von P023-TB ohne Quervernetzer über zehn Scans. Die Vorschubgeschwindigkeit beträgt 100 mV/s. Elektrodenbeschichtung mit 20 µg/µl P023-TB Puffer: 20 mM MES pH 6, 30 mM CaCl₂, 10 mM MgCl₂, 1 M Betain, 0,03 % [w/v] β-DM.

3.4.1 Einfluss der Quervernetzer

Zunächst wurde der Einfluss des Quervernetzers 2,2´-(Ethylendioxy)diethanthiol (Dithiol-Linker) auf das Polymer P022-AzB untersucht. Ein CV des quervernetzten Polymers zeigte neben dem Redoxpotential des Polymers ohne Quervernetzung von -164 mV gegen Ag/AgCl 3,5 M ein deutliches, weiteres Mittelpunktpotential bei +106 mV (+311 mV gg. SHE). Über mehrere Durchläufe nahmen der Oxidations- und Reduktionspunkt ab (Abb. 3-8 rechts). Die Anwendung des Quervernetzers 2,2´-(Ethylendioxy)bis(ethylamin) (Diamin-Linker) zeigte ein deutliches weiteres Mittelpunktpotential bei P022-AzB (Abb. 3-8 links). Außerdem waren die Maximalströme leicht geringer als unter Verwendung des Dithiol-Linkers, was auf eine geringere Beschichtung der Elektrode hindeutet.

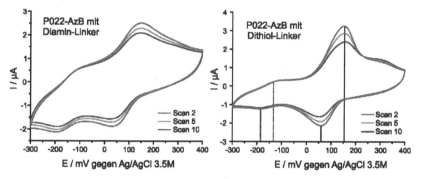

Abbildung 3-8: CV von P022-AzB mit Diamin-Linker (links) und Dithiol-Linker (rechts) über zehn Scans. Die Vorschubgeschwindigkeit beträgt 10 mV/s. Abweichung zu 2.8.2: Polymerlösung nicht in Puffer, sondern in A. dest. Puffer 50 mM MES pH 6,5, 10 mM CaCl$_2$, 10 mM MgCl$_2$, 0,03 % [w/v] β-DM

Das Polymer P023-TB zeigte bei Anwendung des Quervernetzers Diamin-Linker ebenfalls einen weiteren Oxidations- und Reduktionspunkt. Das zusätzliche Mittelpunktpotential befand sich bei +23 mV (+228 mV gg. SHE). Abweichend zu der Verwendung des Diamin-Linkers bei P022-AzB stiegen die neuen Oxidations- und Reduktionspunkte im Verlauf der Messung leicht an (Abb. 3-9 links).

Die Anwendung des Dithiol-Linkers in Kombination mit P023-TB zeigte zu Beginn der Messungen eine leichte Schulter im Verlauf der Oxidation, die jedoch über den Zeitraum der Messung der zwanzig Durchläufe nicht mehr erkennbar war. Die Maximalströme waren deutlich erhöht gegenüber der Messung mit Diamin als Quervernetzer. Somit befindet sich eine größere Menge des Polymers auf der Elektrodenoberfläche (Abb. 3-9 rechts).

Veränderungen der Quervernetzer-Konzentrationen führten stets zu ähnlichen Ergebnissen, wobei höhere Konzentrationen die Bildung der zusätzlichen Oxidations- und Reduktionspunkte begünstigten (Daten nicht gezeigt). Aufgrund der Ergebnisse des Vergleichs der Quervernetzer wurde die Kombination aus dem Polymer P023-TB mit dem Quervernetzer Dithiol-Linker für weitere Versuche verwendet.

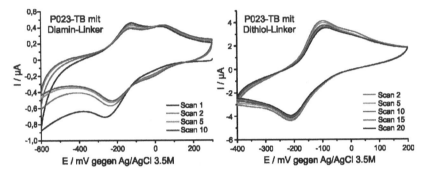

Abbildung 3-9: CV von P023-TB mit Diamin-Linker über zehn Scans (links) und mit Dithiol-Linker über zwanzig Scans (rechts). Die Vorschubgeschwindigkeit beträgt 10 mV/s. Abweichung zu 2.8.2: Polymerlösung nicht in Puffer, sondern in A. dest. Puffer 50 mM MES pH 6,5, 10 mM CaCl₂, 10 mM MgCl₂, 0,03 % [w/v] β-DM

3.4.2 Einfluss der Aminfunktionalisierung

Die Aminfunktionalisierung von GC-Elektroden wurde wie in Abschnitt 2.7 beschrieben durchgeführt. Das Poly-mer kann über Diamine, die an der Elektrodenoberfläche gebunden sind, kovalent immobilisiert werden (Abb. 3-10). Die Messung eines CV zeigte zu Beginn eine leichte Schulter im Verlauf der Oxidation. Diese nahm mit steigender

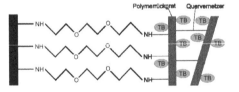

Abbildung 3-10: Schema der Bindung eines TB-modifizierten Polymers an eine aminfunktionalisierte Oberfläche. Die Größenverhältnisse der einzelnen Komponenten sind nicht Maßstabsgetreu.

Zahl der Durchläufe ab und war nach zehn Durchläufen nicht mehr zu erkennen (Abb. 3-11). Über alle gemessenen zwanzig Durchläufe war keine Änderung des Oxidations- und Reduktionspunkts zu erkennen. Der Maximalstrom war gegenüber einer nicht aminfunktionalisierten Elektrode um 30 % erhöht (Abb. 3-9 rechts). Es zeigte sich eine deutlich erhöhte Stabilität, die durch die kovalente Bindung über den Linker an die Elektrodenoberfläche erreicht werden konnte.

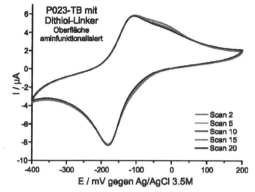

Abbildung 3-11: CV von P023-TB mit Dithiol-Linker auf einer aminfuntionalisierten GC Elektrode über zwanzig Scans. Die Vorschubgeschwindigkeit beträgt 10 mV/s. Abweichung zu 2.8.2: Polymerlösung nicht in Puffer, sondern in A. dest. Puffer 50 mM MES pH 6,5, 10 mM CaCl₂, 10 mM MgCl₂, 0,03 % [w/v] β-DM

3.4.3 Einfluss des Detergens β-DM

Um einen detaillierteren Eindruck über die Bindungseigenschaften des P023-TB und den Elektronentransfer innerhalb des Polymers in verschiedenen Situationen zu erhalten, wurden die maximalen Peakströme bei der Oxidation und Reduktion in Abhängigkeit der Potentialvorschubgeschwindigkeit beobachtet (Abb. 3-12 links).

Für die Spitzenströme bei der Oxidation und Reduktion zeigte sich für das Polymer ohne Quervernetzer eine lineare Abhängigkeit zur Potentialvorschubgeschwindigkeit, was auf eine stabile Bindung des Polymers auf der Elektrodenoberfläche schließen lässt (Abb. 3-12 rechts). Ferner zeigte sich deutlich, dass keine Veränderung der Peakseparation bei Erhöhung der Vorschubgeschwindigkeit auftrat, was ebenfalls für eine starke Oberflächenbindung von redoxaktiven Spezies spricht.

Im Folgenden wurde der Einfluss des Detergens β-DM auf die Kompatibilität mit einem Quervernetzer und seine Wirkung auf die Oberflächenstabilität des Polymers untersucht. Während dieser Versuche wurde das zuvor im Polymer-Proteingemisch eingesetzte Wasser durch einen Puffer (Endkonzentration: 50 mM MES pH 6,5, 10 mM MgCl₂, 10 mM CaCl₂, 0,03 % [w/v] β-DM) ersetzt. Hierbei zeigte sich ein deutlich größerer Strom während eines CV des Polymers P023-TB. Gleichzeitig nahmen Oxidations- und Reduktionspunkt über die Zeit nur gering ab. Bei dieser Pufferkonzentration zeigte das CV im Vergleich zu einem CV desselben Polymers ohne β-DM und mit Dithiol-Linker eine vergrößerte Peakseparation von 285 mV. Außerdem verschob sich im Laufe der zehn Durchläufe das Maximum des Oxidationspeaks leicht (Abb. 3-13 links).

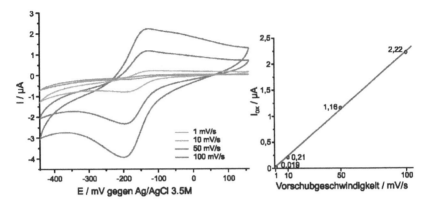

Abbildung 3-12: Vergleich der Vorschubgeschwindigkeiten. Links: CVs einer Elektrode bei unterschiedlichen Vorschubgeschwindigkeiten. Rechts: Auftragung des maximalen oxidativen Stroms gegen die Vorschubgeschwindigkeit.

Eine Anpassung der β-DM Konzentration in der in 2.8.2 beschriebenen Methode führte zu einer geringeren Peakseparation von 103 mV. Allerdings zeigte sich eine leichte Abnahme des Oxidations- und Reduktionspunkts im Laufe der Zeit (Abb. 3-13 rechts).

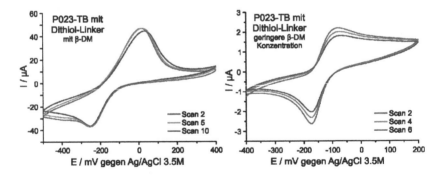

Abbildung 3-13: CV von P023-TB mit Dithiol-Linker unter Einfluss der Detergens β-DM. Keine Aminfunktionalisierung der Oberfläche. Links: Die Vorschubgeschwindigkeit beträgt 10 mV/s. Abweichend zu 2.8.2 Polymerlösung in Puffer (50 mM MES pH 6,5, 10 mM MgCl2, 10 mM CaCl2, 0,03 % [w/v] β-DM) gelöst. Rechts: Die Vorschubgeschwindigkeit beträgt 1 mV/s. Keine Abweichung gegenüber der Standard-elektodenvorbereitung.

Die Zugabe des Detergens β-DM zeigt damit eindeutig einen direkten Einfluss auf das Verhalten des Polymers auf der Elektrodenoberfläche. Eine vergrößerte Peakseparation in Abhängigkeit der Detergenskonzentration in Anwesenheit eines Dithiol-Linkers deutet auf ein verändertes Verhalten der Vernetzungseigenschaften der einzelnen Komponenten hin.

Für ein ideal gebundenes Polymer mit einer reversiblen elektrochemischen Aktivität sollte die Peakseparation eigentlich ±0 betragen, wobei der Strom nicht durch den Elektronentransport innerhalb des Polymerfilms begrenzt sein darf. Diese Voraussetzung wäre mit einer sehr langsamen Zeitskala, also mit einer reduzierten Vorschubgeschwindigkeit theoretisch zu erfüllen. Üblicherweise sollte ein $2\,e^-/2\,H^+$-Transfer nach der Nernst-Gleichung eine Peakseparation von 29 mV ergeben.

Nernst Gleichung: $E = E_0 + \dfrac{0{,}058\,V}{n} * \log\dfrac{c_{ox}}{c_{red}}$

(E: gemessene Spannung; E_0:Normalpotential; n: transportierte Elektronen pro Molekül; c_{ox}/c_{red}: Konzentrationen der oxidierten/reduzierten Form)

Ferner zeichnet sich ein reversibler Elektronentransfer durch ein Verhältnis der Peakströme von 1 aus.

Die bisherigen Untersuchungen zeigen, dass das Polymer P023-TB unter gewissen Bedingungen gute und stabile Elektronentransfereigenschaften aufweist:

- Dithiol-Linker stabilisiert P023-TB, vergrößert die Peakseparation leicht
- β-DM bietet Kontrolle über die Schichtdicke
- quasireversibler $2\,e^-/2\,H^+$-Elektronentransfer

Zusammenfassend lassen sich folgende Charakteristika für das Polymer P023-TB in den verschiedenen beschriebenen Situationen Abb. 3-7 bis 3-13 festhalten (Tab. 3-4).

Tabelle 3-4: Ströme des Polymers P023-TB während der CVs. Der Oxidationspunkt, Reduktionspunkt und die Peakseparation der Messungen mit unterschiedlichen Quervernetzern unter Angabe der Vorschubgeschwindigkeit der Messung. aminf.: Aminfunktionalisiert.

Quervernetzer/Vorschubgeschw.	$I_{[Ox]}$	$I_{[Red]}$	Peakseparation
Ohne (100 mV/s)	5,14 µA	-6,6 µA	33 mV
Diamin-Linker (10 mV/s)	0,43 / 0,39 µA	-0,21 / -0,51 µA	64 / 94 mV
Dithiol-Linker (10 mV/s)	3,54 µA	-3,94 µA	126 mV
Dithiol-Linker + aminf. (10 mV/s)	5,77 µA	-8,21 µA	71 mV
Dithiol-Linker + β-DM 0,03 % (10 mV/s)	44,39 µA	-36,2 µA	285 mV
Dithiol-Linker + β-DM 0,006 % (1 mV/s)	1,8 µA	-2,03 µA	103 mV

Um eine Vergleichbarkeit der Oberflächenbedeckung durch das Polymer P023-TB zu erreichen, wurde die lineare Abhängigkeit der ermittelten Peakströme von der steigenden Vorschubgeschwindigkeit (Abb. 3-12 rechts) als Basis für die Berechnung des Verhaltens des Polymer unter anderen Bedingungen herangezogen. Die gemessenen Ströme anderer Untersuchungen können dadurch am Oxidationspunkt (Tab. 3-4) rechnerisch in Relation zueinander gesetzt werden. Grundlage dieser Aussage ist die Annahme, dass keine Limitierung der Elektronentransferrate unter diesen Konditionen auftrat. Die dadurch auf 100 mV/s Vorschubgeschwindigkeit normierten Werte sind in Tab. 3-5 gezeigt.

Tabelle 3-5: Normierte Ströme des Polymers P023-TB während der CVs. Der Oxidationspunkt und Reduktionspunkt der Messungen aus Tab. 4-1 werden auf eine Vorschubgeschwindigkeit von 100 mV/s normiert.

Quervernetzer	$I_{[Oxidationspunkt]}$	$I_{[Reduktionspunkt]}$
Ohne	5,14 µA	-6,6 µA
Diamin-Linker	4,3 / 3,9 µA	-2,1 / -5,1 µA
Dithiol-Linker	35,4 µA	-39,4 µA
Dithiol-Linker + aminf.	57,7 µA	-82,1 µA
Dithiol-Linker + β-DM 0,03 %	443,9 µA	-362 µA
Dithiol-Linker + β-DM 0,006 %	180 µA	-203 µA

Der Tabelle 3-5 lässt sich entnehmen, dass bei Einsatz des Dithiol-Linkers unter der Verwendung von 0,03 % [w/v] β-DM die höchste Oberflächenkonzentration, aber auch die größte Peakseparation gemessen werden kann. Insgesamt zeigt das Polymer unter Einsatz des Dithiol-Linkers in jeglicher Bedingung ein quasireversibles Verhalten des Elektronentransfers. Der Einsatz eines Diamin-Linkers wurde aufgrund der Ausbildung mehrerer Peaks für weitere Untersuchungen ausgeschlossen.

Für den Aufbau einer effizienten, funktionellen PS2-basierten elektrochemischen Halbzelle wurde das des Polymer P023-TB mit dem PS2 als sensorische und katalytische Einheit kombiniert. Hierzu erfolgten Untersuchungen zur Funktionsfähigkeit des in P023-TB immobilisierten PS2, wobei verschiedene Polymereigenschaften zum Tragen kamen. Trotz der negativen Aussichten für den erfolgreichen Einsatz des Polymers P022-AzB wurden parallel Photostrommessungen mit diesem durchgeführt.

3.5 Photostrom der PS2-basierten anodischen Halbzelle

Die Ergebnisse des Polymerscreenings basierend auf Photoströmen sind zusammenfassend in Abschnitt 3.2 gezeigt. Die Polymere P022-AzB und P023-TB wurden daraufhin bezüglich ihrer Photoströme mit eingebetteten PS2 detaillierter untersucht.

3.5.1 PS2/P022-AzB

Die Immobilisierung und Kontaktierung von PS2 im Polymer P022-AzB zeigte zu Beginn der Untersuchungen mit ungefähr 2,3 µA/cm² den größten Strom im Polymerscreening (Abb. 3-14 links). Eine Verdoppelung der Proteinkonzentration auf 2 µg/µl führte zu einem erhöhten Photostrom von 4 µA/cm² (Abb. 3-14 mittig).

Ferner wurde die Auswirkung des Dithiol-Linkers auf die Photostromentwicklung des P022-AzB untersucht. Hierzu wurde der Dithiol-Linker in einer Konzentration von 5 % [v/v] auf eine Polymerkonzentration von 10 µg/µl mit einer PS2-Konzentration von 1 µg/µl verwendet. Die Verwendung des Dithiol-Linkers zeigte einen negativen Effekt auf die Aktivität des PS2 in Form eines verringerten Photostroms (Abb. 3-14 rechts). Das Variieren der Quervernetzer-Konzentration zwischen 0,25 % und 50 % zeigte nur wenig Einfluss auf die erhaltenen Photoströme. Diese blieben stets unter den Photoströmen der Versuche ohne Quervernetzer.

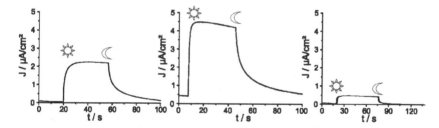

Abbildung 3-14: Photostrom-Messungen des Polymers P022-AzB mit PS2. Sonne: Start der Belichtung, Mond: Ende der Belichtung. Angelegte Spannung +300 mV gegen Ag/AgCl 3,5 M, Messpuffer (50 mM MES pH 6.5, 10 mM MgCl$_2$, 10 mM CaCl$_2$ und 0,03 % [w/v] β-DM), Lichtintensität 34,9 mW/cm². **Links:** Messung des Polymers während des Screenings zu Beginn der Arbeit (1 µg/µl PS2, 20 µg/µl P022-AzB). **Mitte:** Messung mit dem höchsten gemessenen Photostrom für P022-AzB (2 µg/µl PS2, 10 µg/µl P022-AzB). **Rechts:** 1 µg/µl PS2, 10 µg/µl P022-AzB, 5 % Dithiol-Linker

3.5.2 PS2/P023-TB

Die Verwendung des Polymers P023-TB für die Immobilisierung von PS2 wurde bereits vor dem durchgeführten Polymerscreening geprüft. Diese dem Screening vorgeschalteten Messungen lieferten einen maximalen Photostrom von etwa 1,5 µA/cm² (Abb. 3-15 links). Der Einsatz des Diamin-Linkers führte zu reduzierten Photoströmen von etwa 10 % des Ausgangsstroms ohne Quervernetzer (Abb. 3-15 mittig).

Die Verwendung des Dithiol-Linkers hingegen führte zu stark erhöhten Photoströmen. Ein durchschnittlicher Photostrom betrug 11,5±4 µA/cm². Ein maximal gemessener Photostrom konnte mit 20,5 µA/cm² ermittelt werden (Abb. 3-15 rechts).

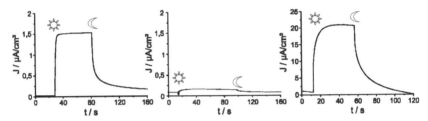

Abbildung 3-15: Photostrom-Messungen des Polymers P023-TB mit PS2. Sonne: Start der Belichtung, Mond: Ende der Belichtung. Angelegte Spannung +300 mV gegen Ag/AgCl 3,5 M, Messpuffer (50 mM MES pH 6.5, 10 mM MgCl₂, 10 mM CaCl₂ und 0,03 % [w/v] β-DM), Lichtintensität 34,9 mW/cm². Links: Messung des Polymers zu Beginn der Arbeit (1 µg/µl PS2, 5 µg/µl P023-TB). Mitte: Messung mit Diamin-Linker (1 µg/µl PS2, 5 µg/µl P023-TB, 4,8 % Diamin-Linker, gelöst in Wasser). Rechts: Maximal gemessener Photostrom mit P023-TB mit Standardelektrodenvorbereitung (Dithiol-Linker).

Neben den chronoamperometrischen Messungen des Photostroms wurde eine zyklische Voltammetrie durchgeführt. Der unterschiedliche Verlauf eines CV, ohne und unter Belichtung, weist auf den katalytischen Ursprung des Photostroms am PS2 hin. Da in chronoamperometrischen Messungen unter Belichtung ein anodischer Strom detektiert werden kann, sollte dieser ebenfalls in einem Zyklovoltammogramm feststellbar sein. Dieses Verhalten kennzeichnet den gemessenen Strom als katalytischen Strom, ausgehend vom PS2, wie der Abb. 3-16 entnommen werden kann. Diese Untersuchung weist untypischerweise neben dem anodischen auch einen kathodischen Strom auf. Das CV des PS2/P023-TB zeigt im Vergleich einer unbelichteten und einer belichteten Messung einen anodischen Strom von 1 µA/cm² und einen kathodischen Strom von 0,25 µA/cm².

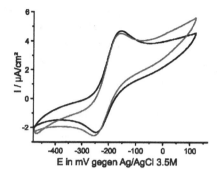

Abbildung 3-16: CV von PS2/P023-TB ohne und mit Beleuchtung. Schwarz: Licht aus, Rot: Licht an. Messpuffer (50 mM MES pH 6.5, 10 mM MgCl₂, 10 mM CaCl₂ und 0,03 % [w/v] β-DM), Lichtintensität 34,9 mW/cm² Vorschubgeschwindigkeit 1 mV/s, Elektrodenvorbereitung s. Abschnitt 2.8.2.

3.5.3 PS2/P023-TB Kontrollexperimente

Durch Einsatz des diffusiblen Mediators DCBQ können durch das Polymer nicht oder schlecht kontaktierte PS2-Komplexe ebenfalls die entstehenden Elektronen bei Belichtung übertragen. Die Zugabe von 1 mM DCBQ führte zu einer Verdopplung des Photostroms der gemessenen Elektrode. Nach der Zugabe des DCBQ stellte sich zunächst schnell ein Maximum des Photostroms ein, das anschließend schneller als vor Zugabe des DCBQ absank (Abb. 3-17).

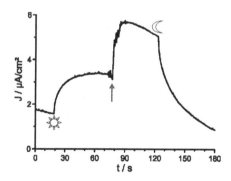

Abbildung 3-17: Photostrom-Messung mit DCBQ Zugabe. Sonne: Start der Belichtung, Mond: Ende der Belichtung, Pfeil: Zugabe 1 mM DCBQ. Angelegte Spannung +300 mV gegen Ag/AgCl 3,5 M, Messpuffer (50 mM MES pH 6.5, 10 mM MgCl₂, 10 mM CaCl₂ und 0,03 % [w/v] β-DM), Lichtintensität 34,9 mW/cm². Elektrodenvorbereitung s. Abschnitt 2.8.2.

Neben der Zugabe von DCBQ wurde ebenfalls der Einfluss des Herbizids 2-(1,1-Dimethyl-ethyl)-4,6-dinitrophenolacetat (Dinoterb) auf den Photostrom des in P023-TB immobilisierten PS2 gemessen. Dieses hemmt das Protein irreversibel zwischen Q_A und Q_B (Trebst und Draber 1986). Somit können von gehemmten PS2 keine Elektronen an der Q_B-Bindestelle auf das Polymer übertragen werden. Bei Zugabe von Dinoterb sank der Photostrom deutlich ab, wobei er weit unter die anfängliche Basislinie der Messung fiel. Dies ist wahrscheinlich auf eine Interaktion des Dinoterb mit dem Polymer zurückzuführen, wobei das Polymer durch Dinoterb wahrscheinlich oxidiert wird. Auch eine Reduktion des Dinoterb an der Elektrodenoberfläche würde zu einer Erniedrigung des Nettostroms führen. Das Ende der Belichtung führte zu einer weiteren Abnahme des Photostroms. Eine weitere, im Messverlauf durchgeführte, Belichtung lieferte einen Photostrom in Höhe von ungefähr 23 % des anfänglichen Photostroms (Abb. 3-18).

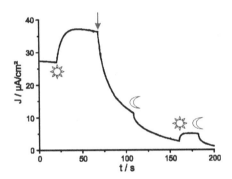

Abbildung 3-18: Photostrom-Messung mit Dinoterb Zugabe. Sonne: Start der Belichtung, Mond: Ende der Belichtung, Pfeil: Zugabe 100 µM Dinoterb. Angelegte Spannung +300 mV gegen Ag/AgCl 3,5 M, Messpuffer (50 mM MES pH 6.5, 10 mM MgCl₂, 10 mM CaCl₂ und 0,03 % [w/v] β-DM), Lichtintensität 34,9 mW/cm². Elektrodenvorbereitung s. Abschnitt 2.8.2.

Außerdem wurde der Photostrom einer Elektrode ohne PS2 bei voller Belichtung (34,9 mW/cm², λ = 685 nm) bestimmt (Abb. 3-19). Die Messung zeigt einen Photostrom von 0,05 µA/cm². Die untersuchte Elektrode wies in einer zyklischen Voltammetrie 2,22 µA bei einer Vorschubgeschwindigkeit von 100 mV/s auf (s. Abb. 3-12 links).

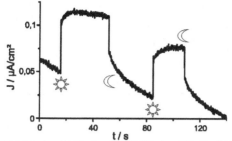

Abbildung 3-19: Photostrom einer Elektrode mit P023-TB ohne PS2. Gezeigt ist der resultierende Strom bei Belichtung mit 34,9 mW/cm² bei λ=685 nm. Sonne: Start der Belichtung, Mond: Ende der Belichtung.

3.5.4 Langzeitmessung

Die Langzeitstabilität wurde durch kontinuierliche Belichtung bei voller Lichtintensität (34,9 mW/cm²) über einen längeren Zeitraum verfolgt. Die Beschichtung einer amin-funktionalisierten Elektrode zeigte anfänglich einen Photostrom von 0,18 µA/cm². Über einen Zeitraum von 15 Minuten nahm dieser ab und stabilisierte sich weitestgehend für die restlichen 30 Minuten der Belichtung. Am Ende der Belichtung konnte ein verbliebener Photostrom von etwa 0,1 µA/cm² festgestellt werden (Abb. 3-20 links).

Neben der Belichtung über 45 Minuten wurde eine weitere Messung der Langzeitstabilität über Nacht durchgeführt. Es wurde eine nicht aminfunktionalisierte Elektrode verwendet, wobei der Photostrom anfänglich etwa 4,15 µA/cm² betrug. Während der ersten 1,5 Stunden nahm der Photostrom schnell, später langsamer ab. Außerdem sank die Basislinie im Laufe der Belichtungsphase um mehrere Mikroampere. Nach 14 Stunden der Langzeit-untersuchung konnte nach dem Ausschalten der Lichtquelle ein verbliebener Nettostrom von etwa 0,66 µA/cm² ermittelt werden (Abb. 3-20 rechts).

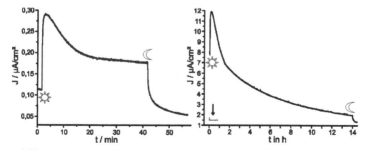

Abbildung 3-20: Langzeitmessungen des Photostroms von PS2/P023-TB. Sonne: Start der Belichtung, Mond: Ende der Belichtung. Angelegte Spannung +300 mV gegen Ag/AgCl 3,5 M, Messpuffer (50 mM MES pH 6.5, 10 mM MgCl₂, 10 mM CaCl₂ und 0,03 % [w/v] β-DM), Lichtintensität 34,9 mW/cm². Links: Elektrodenvorbereitung ohne β-DM. Rechts: Elektrodenvorbereitung s. Abschnitt 2.8.2. Die rote Markierung dient als Größenvergleich der zweiten Langzeitmessung (links).

Zur Ermittlung der Halbwertszeiten wurde die Veränderung der Basislinien nicht berücksichtigt. Außerdem wird aufgrund des Kontrollexperiments ohne PS2 (vgl. Abb. 3-19) nur der Bereich der schnelleren Abnahme des Photostroms betrachtet, was Halbwertszeiten von 15 Minuten (Abb. 3-20 links) und 40 Minuten (Abb. 3-20 rechts) ergibt. Diente die Gesamtmessung der Ermittlung der Halbwertszeit, so würde diese sich enorm verlängern. Somit würde das PS2 durch die Immobilisierung im Polymer wesentlich lichttoleranter werden.

3.6 Photostrom der PS1-basierten kathodischen Halbzelle

Es wurde eine PS1-basierte kathodische Halbzelle für den Aufbau der Biobatterie verwendet und zuvor hinsichtlich ihres Photostroms untersucht. Die Elektrodenvorbereitung erfolgt dabei nach Abschnitt 2.8.1.

3.6.1 PS1/Os1 auf einer GC-Elektrode

Es wurden Messungen mit der bereits etablierten PS1/Os1-Beschichtung durchgeführt (Kothe *et al.* 2014).

Hierbei konnte unter Begasung mit purem Sauerstoff und Belichtung ein anfänglicher Photostrom von 210 µA/cm² detektiert werden, welcher sich bei 150 µA/cm² stabilisierte (Abb. 3-21). Im Vergleich zu Photoströmen von PS2 zeigt sich bei Belichtung des PS1 eine wesentlich schnellere Ansprechzeit.

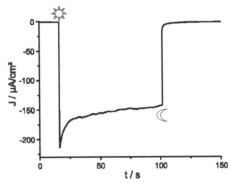

Abbildung 3-21: Photostrom-Messung des PS1/Os1 Sonne: Start der Belichtung, Mond: Ende der Belichtung. Angelegte Spannung 0 mV gegen Ag/AgCl 3,5 M, Messpuffer (50 mM Natriumcitrat pH 4, 10 mM MgCl₂, 10 mM CaCl₂, 3 mM MV), Lichtintensität 34,9 mW/cm². Kontinuierliche O₂-Begasung. Elektroden-vorbereitung s. Abschnitt 2.8.1.

Der erreichte Photostrom des PS1 entspricht damit in Abhängigkeit der Sauerstoffkonzentration vormals erhaltenen Strömen. Das Os-Polymer fungiert dabei als effektiver Elektronendonor, wobei der Photostrom durch die Diffusion des Methylviologen und seine Oxidation durch Sauerstoff limitiert wird.

3.7 Bestimmung der Lichtsättigung einer PS2/P023-TB Halbzelle

Der Charakterisierung der Biobatterien ging eine Bestimmung der Lichtintensität zur Lichtsättigung der PS2/P023-Halbzelle voraus. Hierzu wurden Photoströme bei unterschiedlichen Lichtintensitäten bestimmt. Bis zu einer Lichtintensität von 15 mW/cm² stieg der Photostrom nahezu linear an und erreichte eine Sättigung bei 30 mW/cm². Letztlich wurde für die Untersuchungen der Biobatterie eine Lichtintensität von 21 mW/cm² für beide Halbzellen festgelegt. Dies entspricht ungefähr 85 % des erreichten maximalen Photostroms des PS2 (Abb. 3-22).

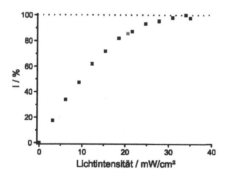

Abbildung 3-22: Messung der Lichtsättigung. Über die Messung des Photostroms in Abhängigkeit der Lichtintensität wird eine Sättigungskurve erstellt. Rot: Für Biobatteriemessungen verwendete Lichtintensität. Angelegte Spannung +300 mV gegen Ag/AgCl 3,5 M, Messpuffer (50 mM MES pH 6.5, 10 mM MgCl₂, 10 mM CaCl₂ und 0,03 % [w/v] β-DM)

Die Feststellung der Lichtintensität zur Lichtsättigung der PS2-basierten Photoanode ist von Relevanz, da zur Berechnung des Wirkungsgrads der aus Photoanode und Photokathode aufgebauten Biobatterie die eingestrahlte Gesamtlichtleistung in Betracht gezogen wird. Dies bedeutet, dass im Falle von einer Belichtung mit größeren Lichtintensitäten, diese überschüssige Energie keinen Beitrag zur Effizienz der Biobatterie aufweist, aber trotzdem in die Berechnungen einfließt. Bei einer optimierten Belichtung steigt deshalb der Wirkungsgrad der Biobatterie.

3.8 Aufbau einer Biobatterie mit PS2/P023-TB als Anode

Die Messungen der Biobatterie wurden mit nicht aminfunktionalisierten, PS2/P023-TB beschichteten Elektroden als Anode und der in Abschnitt 3.6 analysierten, kathodischen PS1/Os1 basierten Elektrode als Kathode durchgeführt. Die Durchführung der Messungen erfolgte nach Haddad *et al.* (2013). In einem Zwei-Elektroden-Messaufbau (s. Abschnitt 2.9.2) wurde die Photoanode mit der Photokathode über den Potentiostaten kurzgeschlossen. Hierbei wurde über den Potentiostaten ein konstantes Potential angelegt und parallel der Zellstrom detektiert.

3.8.1 Kombination von PS2/P023-TB mit PS1/Os1

Die kathodischen PS1-basierten elektrochemischen Halbzellen wurden von Herrn Dipl.-Biol. Tim Kothe vorbereitet und zur Verfügung gestellt. Als Photoanoden wurden auf PS2/P023-TB basierte elektrochemische Halbzellen verwendet.

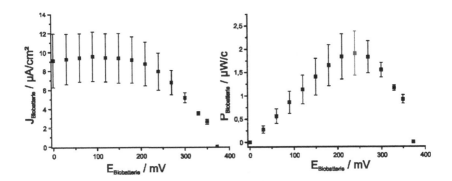

Abbildung 3-23: Biobatterie mit PS2/P023-TB als Anode und PS1/Os1 als Kathode n = 3. Messaufbau s. Abschnitt 2.9.2, verwendete Puffer s. Abschnitt 2.9.1. Lichtintensität 21 mW/cm². Standardabweichung mit Fehlerbalken gezeigt. Die kathodische Halbzelle (PS1/Os1) wurde während der Messung mit O_2 begast. Links: gemessener Photostrom bei angelegtem Potential. Rechts: Berechnete Leistung der Biobatterie.

Das offene Kurzschlusspotential konnte mit 372,5 mV bestimmt werden, wobei die Kurzschlussstromdichte (I_{SC}) mit 9±3,1 µA/cm² ermittelt wurde (Abb. 3-23 links). Basierend auf den direkt ermittelten Daten wurde die Zellleistung nach folgender Formel bestimmt:

$$P = U * I$$

Anschließend wurde die Zellleistung gegen das Potential aufgetragen (Abb. 3-23 rechts). Die anhand der gewonnenen Daten berechnete Zellleistung ergab ein Maximum von

1,91±0,47 µW/cm² bei einer Potentialdifferenz von 240 mV (Abb. 3-23 rechts). Neben der Leistung wurde ebenfalls der Füllfaktor (ff) der Zelle bestimmt. Dieser berechnet sich nach der Formel:
$$ff = \frac{P}{OCV \cdot I_{SC}}$$
Der Füllfaktor (ff) konnte mit 0,564 festgestellt werden, der auf beide Elektrodenoberflächen (zwei GC-Elektroden Ø 3 mm) bezogene Wirkungsgrad (η) konnte mit $4,5 * 10^{-5}$ ermittelt werden. Die Stromstärke, Leistung und Effizienz der Biobatterie mit der PS1/Os1 Photokathode zeigte höhere Werte, als in vergleichbaren Messungen der Biobatterie mit Os-modifizierten Polymeren auf beiden Seiten der Biobatterie (Kothe *et al.* 2014).

4. Diskussion

4.1 Ausgangslage der Untersuchungen

Die Funktion des semiartifiziellen Z-Schema Analogons konnte bereits von Kothe *et al.* (2013) bewiesen werden. Allerdings wurde für die Immobilisierung von PS2 ein Os-modifiziertes Polymer verwendet, das im Redoxpotential weit von der Akzeptorseite Q_B des PS2 entfernt ist (Abb. 4-1). Somit geht viel Energie in Form von Wärme verloren und die Potentialdifferenz zwischen der PS2 Akzeptorseite und der PS1 Donorseite kann nur zu einem geringen Teil ausgeschöpft werden. Um die Potentialdifferenz besser zu nutzen, soll die Verwendung von Phenothiazin-modifizierten Polymeren etabliert werden. Diese können von ihrem Redoxpotential genauer an das der Q_B-Bindestelle angepasst werden und transportieren die Elektronen zudem genau wie das Q_B über einen Zwei-Elektronen-Transfer (Pöller *et al.* 2013). Diese Anpassung soll somit die Potentialdifferenz zwischen der Anode und Kathode vergrößern und die zuvor in Form von Wärme verlorene Energie für das System nutzbar machen (Abb. 4-1).

Um eine verbesserte anodische Halbzelle auf PS2-Basis zu kreieren, versuchen andere Arbeitsgruppen PS2 in mesoporösen Indium-Zinn-Oxid (mpITO, engl. *mesoporous indium tin oxide*) zu immobilisieren, was ebenfalls vom Redoxpotential an das Q_B angepasst werden kann. Dabei konnten bei Zugabe eines diffusiblen Mediators bereits Ströme von bis zu 12 ± 1 μA/cm² ermittelt werden (Kato *et al.* 2012a).

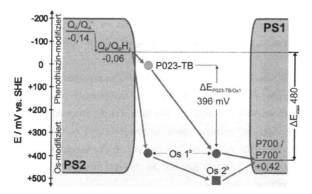

Abbildung 4-1: Vergleich des Z-Schema Analogons von Kothe *et al.* (2013) (graue Pfeile) mit dem in dieser Arbeit verwendeten System (Hartmann *et al.* 2014) (rote Pfeile).
Kothe *et al.* (2013): Zwischen QB und dem Polymer Os1 liegt eine Potentialdifferenz von 455 mV, die für die Biobatterie nicht zur Verfügung stehen. Die Leistung ergibt sich aus der Differenz der Polymere Os1 und Os2. Hartmann *et al.* (2014): Als Elektronenakzeptor für PS2 wird das Phenothiazin-modifizierte Polymer P023-TB verwendet, wodurch eine maximale Potentialdifferenz von 396 mV erreicht werden kann.

Neben der Anbindung des PS2 über ein dreidimensionales Polymer wurde auch die orientierte Anbindung des PS2 über selbst assemblierte Monolayer (SAMs) durchgeführt (Badura *et al.* 2006). Diese besitzt den Nachteil, dass die Anzahl des immobilisierten PS2 begrenzt und der Elektronentransfer diffusionsabhängig ist.

4.2 Photosystem 2 Isolierung

Bei Elution des PS2 während der IEC-Aufreinigung kam es zu einem zusätzlichen, unerwarteten Absorptionspeak. Dieser entsteht wahrscheinlich durch die Bildung von artifiziellen Dimeren und Doppeldimeren. Eine mögliche Ursache für die Bildung solcher Aggregate könnte die Interaktion der His-tags sein, die durch eine hohe Konzentration von Metallionen nach der IMAC verursacht werden könnte. Zwei His-PS2-Komplexe werden dabei über zentrale Metallionen wie Ni^{2+} komplexiert. Das Ni^{2+} könnte dabei aus der IMAC-Säule selbst stammen. Normalerweise kann dem entgegengewirkt werden, indem Ethylen-diamintetraacetat (EDTA) dem Proteingemisch zugefügt wird. Allerdings inaktiviert dieses ebenfalls das PS2, weshalb es bei dessen Isolierung keine Anwendung findet.

Die zusätzlichen Banden über dem dimeren PS2 in den Fraktionen 4 bis 6 entsprechen wahrscheinlich dem gebildeten Doppeldimer. Eine Auftrennung der einzelnen aktiven und inaktiven, sowie monomeren und dimeren PS2-Komplexe ist somit nur bedingt möglich, da es stets zu Verunreinigungen durch die artifiziellen Komplexe kommt.

Eine weitere mögliche Ursache für die verschlechterte Auftrennung der einzelnen Fraktionen könnte das Vereinigen von zu vielen Elutionsfraktionen im jeweiligen Peak sein. Somit könnten noch einmal zusätzliche Verunreinigungen durch benachbarte Fraktionen aufgetreten sein.

Für Versuche, wie die Verwendung innerhalb der Phenothiazin-modifizierten Polymere, hat diese Verunreinigung aber wahrscheinlich nur geringe Auswirkungen und könnte lediglich die Stabilität nach dem Quervernetzen leicht beeinflussen. Da die Bindung des PS2 innerhalb des Polymers unspezifisch ist, erfordern diese Untersuchungen keine Trennung zwischen monomeren und dimeren PS2. Außerdem befindet sich in der verwendeten Peakfraktion 3 kein artifizielles Doppeldimer. Somit ist lediglich die Aktivität des PS2 für dessen Einsatz in der anodischen Halbzelle entscheidend.

4.3 Die Stabilisierung des Phenothiazin-Polymerfilms

Grundsätzlich konnte durch die verwendeten Quervernetzer Diamin-Linker und Dithiol-Linker eine leicht erhöhte Stabilität gegenüber den Polymeren ohne weitere Modifizierung erreicht werden. Allerdings entstand bei Verwendung des Diamin-Linkers für beide Polymere und bei Verwendung des Dithiol-Linkers für P022-AzB ein weiteres Redoxpotential. Dieses zusätzliche Redoxpotential entstand wahrscheinlich durch die Bindung der Linker an das Phenothiazin selbst, wodurch dessen elektrochemische Eigenschaften verändert wurden. Eine solche Bindung ist möglich, falls das Phenothiazin oxidiert vorliegt. Die Verwendung von Quervernetzern bei P022-AzB und des Diamin-Linkers bei P023-TB führen ebenfalls zu verringerten Photoströmen, was darauf zurückzuführen ist, dass die über die Quervernetzer gebundenen Phenothiazine kaum oder gar nicht am Elektronentransport beteiligt sind. Die Verwendung von Polymeren mit zusätzlichem Redoxpotential würde ebenfalls dazu führen, dass der OCV einer damit aufgebauten Biobatterie nur maximal die Differenz des Mittelpunktpotentials des verwendeten Os-modifizierten Polymers Os1 zu dem neu entstehenden Redoxpotential betragen würde. Somit würde die Zellleistung der Biobatterie sinken.

Deshalb ist das Polymer P022-AzB für die Immobilisierung von PS2 für eine Biobatterie unter den durchgeführten Versuchsbedingungen nicht geeignet. Die gemessenen Photoströme von bis zu 4 µA/cm² würden den Verlust der Leistung der Biobatterie durch den reduzierenden OCV im Vergleich zu P023-TB nicht kompensieren.

Neben den zusätzlichen Redoxpeaks ist die Quervernetzung mit Hilfe des Diamin-Linkers in dem verwendeten pH-Wert von 6,5 problematisch, da die Aminogruppen protoniert vorliegen. Somit ist eine Azokupplung am Epoxid nicht mehr möglich. Höhere pH-Werte können jedoch, aufgrund der Empfindlichkeit des PS2 gegenüber basischen pH-Werten, während des Prozesses der Quervernetzung nicht verwendet werden.

Das Quervernetzen von P023-TB über den Dithiol-Linker zeigt kein zusätzliches Redox-Paar und ist somit am besten für den Aufbau der Biobatterie geeignet. Auch die gemessenen Photoströme des quervernetzten Polymers mit PS2 sind mit teilweise über 20 µA/cm² vergleichsweise hoch. Das quervernetzte Redoxpolymer kann über aminfunktionalisierte Elektrodenoberflächen nochmals weiter auf der Elektrode stabilisiert werden. Es entstehen kovalente Bindungen des zuvor aktivierten Amins. Normalerweise sind diese Aminogruppen ebenso empfindlich gegenüber einem sauren pH-Wert, wie die des Diamin-Linkers. Aufgrund der engen Packung des Linkers an der Oberfläche der Elektrode liegen die Aminogruppen bei leicht sauren pH-Werten nur teilweise unprotoniert vor. Somit können einige eine

Azokupplung aufbauen. Würde ein sehr saurer pH-Wert gewählt werden, würden ebenfalls alle Aminogruppen des Linkers protoniert vorliegen und nicht mehr reagieren können. Während der Versuchsdurchführung mit dem Detergens β-DM zeigte sich ein großer Effekt auf die Stabilisierung und Schichtdicke des Polymers. Eine mögliche Ursache für diese Steigerung könnte sein, dass das Polymer ohne β-DM stark aggregiert vorliegt und nur wenige Epoxidgruppen für den verwendeten Quervernetzer zugänglich sind. Es werden hohe Konzentrationen des Quervernetzers eingesetzt, die wahrscheinlich an alle freien Epoxide binden. Durch das Detergens wird das Polymer geöffnet und es ist eine wesentlich größere Zahl der Epoxidgruppen für die Quervernetzer erreichbar. Es kommt zu einer starken Quervernetzung. Durch diesen Lösungsansatz würde auch die stark erhöhte verwendete Quervernetzer-Konzentration erklärt werden, die im Vergleich zu normalerweise eingesetzten Konzentrationen ungefähr tausendfach höher gewählt wurde. Durch die bessere Zugänglichkeit der Epoxidgruppen des Polymers wäre eine erneute Anpassung der Quervernetzer-Konzentration erforderlich. Da β-DM gleichzeitig PS2 stabilisiert und normalerweise in einer Konzentration von 0,03 % [w/v] eingesetzt wird, wäre der Versuch der Stabilisierung des Polymers ohne das Einbüßen einer schnellen Elektronentransferrate mit dieser Konzentration vorteilhaft. Dadurch könnten eventuell höhere Photoströme bei gleicher Menge von immobilisiertem PS2 erreicht werden. Allerdings müsste die Konzentration des Quervernetzers wie bereits erwähnt drastisch reduziert werden. Auch die Verwendung eines längeren Quervernetzers auf Thiolbasis könnte die Beweglichkeit des Polymers erhöhen und somit optimieren.

Neben Veränderungen des Quervernetzers wäre auch eine Modifizierung der Zusammensetzung des Polymers denkbar, sodass mehr redoxaktive Gruppen gebunden werden können und der Elektronentransfer begünstigt wird. Eventuell könnte über eine solche Veränderung mehr PS2 kontaktiert werden.

4.3.1 Einfluss der Stabilität auf das „electron hopping"

Grundsätzlich ist eine hohe Stabilität des Polymerfilms auf der Elektrodenoberfläche wünschenswert. Allerdings kann eine hohe Stabilität gleichzeitig zu einem sehr starren Polymer führen. Falls das Polymer durch das Quervernetzen zu starr wird, hat dies Einfluss auf das „electron hopping". Die redoxaktiven Gruppen sind nicht mehr beweglich genug, um in räumliche Nähe zueinander zu gelangen und es kann zu einer geringeren oder keiner Interaktion kommen. Um den Elektronentransport nicht zu behindern, muss somit ein Kompromiss zwischen der Stabilität auf der Elektrode und einer gleichzeitig ausreichenden

Beweglichkeit der redoxaktiven Gruppen gefunden werden. Dieses Verhältnis kann durch den Einsatz unterschiedlicher Konzentrationen des Quervernetzers variiert werden.

4.4 Untersuchung des Photostroms von PS2/P023-TB im zyklischen Voltammogramm

Der gemessene anodische Strom entspricht den Erwartungen. Da die Vorschub-geschwindigkeit des CVs mit 1 mV/s sehr langsam ist, geht wahrscheinlich ein Teil des Photostroms verloren bis die Elektrode den Oxidationspunkt erreicht. Dieser Anteil könnte noch vergrößert werden, da das Polymer die Elektronen, aufgrund des zu negativen angelegten Potentials, nicht vom PS2 aufnehmen kann. Somit könnte es zu einem Elektronenstau innerhalb des Proteins kommen, der zur Photoinhibition führen kann (s. Abschnitt 4.8). Der kathodische Ausschlag zu Beginn der Belichtung könnte von einer O_2-Reduktion verursacht werden. Falls es im PS2 durch Photoinhibition zur Entstehung von reaktiven Sauerstoffspezies (ROS) kommt, könnte der gemessene kathodische Strom auch durch eine Reaktion des Polymers mit diesen entstehen.

4.5 Photostrom mit Herbizid Dinoterb

Eine mögliche Ursache des restlichen Photostroms der Messung, die mit dem Herbizid Dinoterb durchgeführt wurde, könnte eine zu geringe Konzentration des Inhibitors sein. Somit würden nicht alle PS2-Komplexe gehemmt werden. Durch eine Erhöhung der Dinoterb-Konzentration könnte dies überprüft werden.

Eine weitere Möglichkeit wäre eine abschirmende Wirkung des Polymers, was dazu führt, dass der Inhibitor nicht an das PS2 binden kann und somit der Transport der Elektronen auf Q_B bei ausreichend geschützten Proteinen immer noch möglich ist.

Es ist auch vorstellbar, dass der resultierende Photostrom über einen Elektronentransport von Q_A auf das Polymer zustande kommt. Dabei würden die Elektronen nicht auf das, durch den Inhibitor blockierte, Q_B übertragen sondern könnten von Q_A aus direkt verwendet werden. Dies würde darauf hindeuten, dass zwar der Großteil der Elektronen über Q_B auf das Redoxpolymer übertragen werden, allerdings auch Q_A durch das Polymer kontaktiert werden kann. Ähnliches konnte bereits von Kato *et al.* (2012b) unter Verwendung einer Elektrodenbeschichtung auf Indium-Zinnoxid-Basis beobachtet werden, was diese Vermutung stützt. Dies wäre interessant, da dann die Möglichkeit bestünde Redoxpolymere mit noch negativeren Mittelpunktpotentialen für die Immobilisierung von PS2 einzusetzen, die unter optimierten Bedingungen die Elektronen nicht über den natürlichen Umweg Q_B aufnehmen, sondern am Q_A, dessen Mittelpunktpotential bei -140 mV gg. SHE liegt und somit noch einmal 80 mV negativer als das des Q_B. Bei einer Anwendung in einer Biobatterie könnte somit die Potentialdifferenz zwischen Anode und Kathode und folglich die Leistung weiter erhöht werden.

Neben den verschiedenen Ursachen, die auf das PS2 zurückzuführen wären, besteht auch die Möglichkeit, dass der restliche Photostrom vom Polymer P023-TB selbst erzeugt wird. Kontrollexperimente ohne PS2 zeigten geringe Photoströme. Allerdings wurden diese Kontrollen vor der Verwendung des β-DMs im Polymer-Protein-Gemisch durchgeführt. Durch das β-DM wurden die Schichtdicken um ein vielfaches gesteigert, was auch zu einem erhöhten Photostrom durch das Polymer geführt haben könnte. Somit könnte eine Messung des Photostroms ohne PS2 mit der neuen Methode der Elektrodenbeschichtung Aufschluss geben.

Neben dem Polymer könnte auch die verwendete GC-Elektrode selbst für einen Strom verantwortlich sein. Dies wäre aufgrund der schwarzen Oberfläche grundsätzlich möglich. Durch eine Änderung der Oberflächentemperatur durch die Absorption des eingestrahlten Lichts könnte sich der Hintergrundstrom verändern, was fälschlicherweise als ein Photostrom gedeutet werden könnte. Allerdings konnte in einem Kontrollexperiment, bei Belichtung einer polierten GC-Elektrode, keine nachweisbare Änderung des Stroms festgestellt werden (Daten nicht gezeigt).

Eine Kombination der angesprochenen Erklärungsansätze wäre ebenfalls möglich, da diese sich weitestgehend nicht gegenseitig ausschließen.

4.6 Steigerung des Photostroms durch DCBQ

Die Steigerung des Photostroms auf etwa den doppelten Wert zeigt, dass unter den gewählten Versuchsbedingungen ungefähr die Hälfte der immobilisierten PS2-Komplexe nicht ausreichend kontaktiert ist. Somit besteht ein weiterer Optimierungsbedarf der Elektrodenbeschichtung, um diese Kontaktierung zu verbessern. Allerdings zeigte die verwendete Elektrode einen relativ geringen Photostrom, der selbst nach DCBQ-Zugabe keinen Wert innerhalb oder über der Standardabweichung erreichte. Es wäre also möglich, dass Elektroden mit höheren Photoströmen ebenfalls eine bessere Kontaktierung des PS2 aufweisen.

4.7 Langzeitstabilität des Photosystems 2 in P023-TB

Generell ist PS2 ein sehr anfälliges Enzym, das *in vivo* ständig erneuert und repariert wird. Obwohl mit PS2 aus dem thermophilen Organismus *T. elongatus* bereits auf die stabilste bekannte Variante des Enzyms zurückgegriffen wird, kommt es bei Starklicht trotzdem schnell zu Schädigungen des Enzyms (Yamaoka *et al.* 1978). Um es zur langfristigen Energiegewinnung in einer semiartifiziellen Biobatterie nutzen zu können, müsste PS2 so stabilisiert werden, dass es nicht mehr durch Licht geschädigt wird. Eventuell bietet die Immobilisierung in Polymeren einen Ansatz für diese Stabilisierung (s. Abschnitt 3.5.4).

Die erste Messung der Langzeitstabilität fällt innerhalb der ersten fünfzehn Minuten deutlich in ihrem Photostrom ab, was wahrscheinlich auf eine Photoinhibition (s. Abschnitt 4.8) von PS2 zurückzuführen ist. Die geringe Änderung des Photostroms nach 15 Minuten bis zum Ende der Messung könnte aber mehrere Ursachen aufweisen.

Eine mögliche Quelle des Rest-Photostroms könnte das Polymer P023-TB sein, das in einem Kontrollexperiment selbst einen lichtinduzierten Strom zeigt. Es wäre wahrscheinlich, dass bei steigender Schichtdicke dieser Strom ebenfalls zunimmt und somit einen Hintergrundstrom in Höhe des restlichen Photostroms erzeugen könnte. Dies könnte über Photostrommessungen des Polymers ohne PS2 in unterschiedlichen Schichtdicken kontrolliert werden.

Eine weitere Ursache könnte sein, dass die Anbindung einiger PS2-Komplexe an das Polymer so gut ist, dass es zu keiner lichtinduzierten Inhibition kommt und deshalb die Toleranz gegenüber Licht deutlich zunimmt. Dies könnte zum Beispiel über die Zugabe von Dinoterb am Ende der Messung überprüft werden. Allerdings würde dies nur einen Effekt zeigen, falls der Elektronentransport über Q_B läuft und das Elektron nicht direkt von Q_A auf das Polymer übertragen wird (s. Abschnitt 4.5).

Sollten diese Kontrollexperimente zeigen, dass der Photostrom am Ende der Messung vom PS2 stammt, so wäre dies ein enormer Fortschritt für die langfristige Nutzung von isoliertem PS2. Eine weitere Optimierung der Stabilisierung des Photostroms wäre dann wichtig, um Leistungsverluste der Biobatterie während der Messungen zu minimieren.

Die zweite durchgeführte Messung über Nacht, zeigt eine ähnliche Verteilung in einem größeren Maßstab. Der Abfall des Stroms nach 1,5 h bis zum Ende der Messung entspricht wahrscheinlich weitestgehend der Änderung der Basislinie über diese Zeit. Somit würde im Verlauf der ersten 1,5 h ein Großteil des Photostroms verloren gehen. Der übrige Photostrom zeigt eine so hohe Stabilität, dass er selbst nach 14 Stunden mit einer Belichtung von 34,9 mW/cm² (λ = 685 nm) noch deutlich zu erkennen ist.

Weitere Untersuchungen bezüglich des Ursprungs dieses Photostroms wären daher interessant, weil eine Stabilisierung von PS2 bei Belichtung über einen solch langen Zeitraum einen großen Fortschritt für die Langzeitstabilität eines PS2-basierten semiartifiziellen Systems bedeuten würde. Wenn der Anteil des stabilisierten Photostroms durch PS2 durch eine optimierte Anpassung des Polymers weiter erhöht werden könnte, würde dies zu Lichtstress-resistenten PS2-Anoden führen.

4.8 Photoinhibition des PS 2

Falls es innerhalb des PS2 zu einem Stau der Elektronen am Q_A kommt, führt dies dazu, dass eine weitere Ladungstrennung zwischen P_{680} und Pheo nicht weiter transportiert werden kann und der Zustand P_{680}^+/Pheo$^-$ deutlich länger besteht als es normalerweise der Fall ist. Dies kann dazu führen, dass das Elektron wieder auf das P_{680} zurückübertragen wird. Dabei entsteht sehr reaktives Triplett-P_{680}. Dieses Triplett-P_{680} kann dann mit Triplett-O_2 reagieren, wobei zwar das P_{680} wieder im Ausgangszustand vorliegt, aber gleichzeitig hochreaktives Singulett-O_2 entsteht. Dieses Singulett-O_2 kann wiederrum sowohl mit P_{680} als auch mit P_{680}^+ reagieren, was dies irreversibel hemmt. Somit kann es zu keiner weiteren Ladungstrennung innerhalb des PS2 kommen (Vass *et al.* 1992) (Abb. 4-2). Neben der Entstehung von Singulett-O_2 ist der lichtempfindliche Mn-Komplex, an dem die Wasserspaltung katalysiert wird, ebenfalls eine mögliche Ursache für die Hemmung des PS2. Dieser wird hauptsächlich durch UV-Strahlung im geringen Maße aber auch durch sichtbares Licht geschädigt. Dies kann zur Produktion von sehr reaktivem Wasserstoffperoxid führen, welches die weitere Bildung von Radikalen induziert. Diese reagieren mit dem PS2 und schädigen es somit (Vass 2012).

Da die Bestrahlung des PS2 während aller Versuche ausschließlich mit einer monochromatischen LED mit einer Wellenlänge von 685 nm durchgeführt wurde, ist es wahrscheinlich, dass eine Photoinhibition basierend auf der Bildung von Singulett-O_2 Hauptursache für die Schädigung des PS2-Komlexes ist. Die Schädigung des Mn-Komplexes ist zwar grundsätzlich nicht auszuschließen, wäre aber bei der verwendeten Wellenlänge sehr unwahrscheinlich.

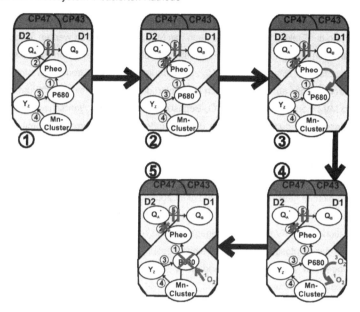

Abbildung 4-2: Vereinfachte Darstellung der Photoinhibition am P_{680} des PS2. (1) Q_A liegt reduziert vor und kann das e⁻ nicht auf Q_B übertragen. (2) Das durch die Ladungstrennung reduzierte Pheo⁻ kann Q_A nicht reduzieren und (3) das e⁻ wird auf P_{680}^+ übertragen. Es entsteht Triplett-P_{680}, welches (4) Triplett-O_2 zu Singulett-O_2 umformt. (5) Das hochreaktive Singulett-O_2 greift das P_{680} an und hemmt dieses irreversibel.

4.9 Analyse der Photosystem 1-basierten Kathode

Die PS1-basierte Kathode liefert einen großen kathodischen Strom, der um das fünfzehnfache höher ist als der anodische Strom der PS2/P023-TB basierten Halbzelle.

4.9.1 Einfluss der Sauerstoffbegasung

Durch die Sauerstoffbegasung wird der O_2-Gehalt in der Elektrolytlösung konstant hoch gehalten. Das vom PS1 reduzierte MV kann schnell wieder umgesetzt werden und steht dem PS1 erneut als Elektronenakzeptor zur Verfügung. Wird die Lösung nicht stetig mit frischem Sauerstoff versorgt, verbraucht das MV das in der Lösung vorhandene O_2. Der Sauerstoffgehalt der Elektrolytlösung nimmt ab und das MV kann immer langsamer durch O_2 umgesetzt werden. Es kommt lediglich an der Grenzschicht zwischen Elektrolytlösung und Luft zu einer diffusionsabhängigen O_2-Versorgung aus der umgebenden Luft. Das MV in reduzierter Form kann somit wahrscheinlicher, diffusionsabhängig die Elektrodenoberfläche erreichen. An der Elektrodenoberfläche kann das MV_{red} wieder oxidiert werden. Dabei gibt es das Elektron an der Elektrode ab. Es entsteht in diesem Fall also ein Kurzschluss. Da diesem Prozess die Diffusion des MV_{red} zugrunde liegt, fällt der Strom nach einem hohen Anfangsstrom wieder ab, bis im Bereich der Elektrodenoberfläche ein Equilibrium zwischen MV_{red} und MV_{ox} herrscht. Durch eine O_2-Begasung kann also die Wahrscheinlichkeit erhöht werden, dass das reduzierte MV nicht die Elektrodenoberfläche erreicht. Somit stabilisiert sich der Photostrom mit O_2-Begasung auf einem höheren Niveau. Bei sehr hohen Photoströmen, wie sie in der kathodischen Halbzelle mit PS1/Os1 erreicht werden können, kann das PS1 ohne Sauerstoffbegasung die bei der Ladungstrennung entstehenden Elektronen nicht in gewohnter Geschwindigkeit abgeben, weil die Konzentration des MV_{ox} in unmittelbarer Nähe des PS1 sinkt. Dieses arbeitet dadurch langsamer. Durch höhere Konzentrationen von MV kann dem entgegengewirkt werden.

Somit sinkt der Photostrom zu Beginn einer Messung ab, bis an der Elektrodenoberfläche ein Gleichgewicht zwischen MV_{red} und MV_{ox} erreicht ist, das durch den O_2-Gehalt der Elektrolytlösung beeinflusst werden kann.

4.10 Vergleich der Biobatterie-Messungen

Ein Vergleich mit vorangegangenen Biobatteriemessungen (Kothe *et al.* 2013) und Messungen von PS2-basierten Halbzellen (Badura *et al.* 2008) zeigt den großen Nutzen der verwendeten Phenothiazin-modifizierten Polymere in Verbindung mit PS2 für den Aufbau einer Biobatterie auf (Hartmann *et al.* 2014). Dieser Vorteil wird im Folgenden diskutiert.

4.10.1 Die Kurzschlussstromdichte (I_SC)

Die gemessene Kurzschlussstromdichte (I_{SC}) der Biobatterie PS2/P023-TB-PS1/Os1 von $9\pm3,1$ µA/cm² stimmt in etwa mit den Stromdichten der verwendeten PS2-Elektroden überein. Somit ist die PS2-basierte Anode der limitierende Faktor der Biobatterie. Für diese Vermutung sprechen die sehr hohen erzielten Photoströme der PS1/Os1 Kathode.

4.10.2 Die Leerlaufspannung (OCV)

Die Messungen der Biobatterie mit einer PS2/P023-TB-basierten Anode und PS1/Os1-basierten Kathode zeigen einen deutlich erhöhten OCV von 372,5±2,1 mV. Dieser liegt nahe der theoretischen Potentialdifferenz der beiden Polymere von 396 mV. Der gemessene OCV ist 4-fach größer als in einem System basierend auf Os-modifizierten Polymeren in beiden Halbzellen (Kothe *et al.* 2013).

4.10.3 Weitere Charakteristika der Biobatterien

Die Zellleistung der Biobatterie mit 1,91±0,47 µW/cm² für PS2/P023-TB-PS1/Os1 gegenüber der Leistung des vorherigen Aufbaus, bei dem Os-modifizierte Polymere für die Immobilisierung von beiden Photosystemen verwendet wurden mit 23±10 nW/cm² ist um den Faktor 83 gesteigert worden. Der gemessene Füllfaktor (ff) der Biobatterie mit PS1/Os1 als Kathode von 0,564 und der Wirkungsgrad von 4,5 x 10^{-5} zeigen ebenfalls eine deutliche Verbesserung gegenüber dem vorherigen System (Hartmann *et al.* 2014).

Grundlage dieser Steigerung ist vor allem die Vergrößerung des OCV durch die Verwendung des Phenothiazin-modifizierten Polymers P023-TB für die Immobilisierung des PS2-Komplexes. Das Redoxpotential von P023-TB ist dabei wesentlich besser an das der Akzeptorseite des PS2 angepasst.

Obwohl bereits Photoströme von bis zu 50 µA/cm² durch die Immobilisierung von PS2 mit Os-modifizierten Polymeren erreicht werden konnten (Badura *et al.* 2008), ist das Phenothiazin-modifizierte Polymer P023-TB aufgrund der aufgeführten Entwicklungen besser für die Anwendung innerhalb einer Biobatterie geeignet (Hartmann *et al.* 2014).

4.11   Probleme der Reproduzierbarkeit – Die Variablen einer Messung

Während der Versuchsreihen kam es zu sehr großen Abweichungen der einzelnen Messungen, was die Reproduzierbarkeit von Ergebnissen erschwert. Die Ursachen für diese Unterschiede werden im Folgenden kurz erläutert.

Das P023-TB wurde während der Arbeit neu synthetisiert. Das neu synthetisierte P023-TB wies dabei eine bessere Bindung zu dem verwendeten Dithiol-Linker als Quervernetzer auf. Diese Veränderung ist wahrscheinlich auf den hohen Epoxidgehalt des frisch synthetisierten P023-TB zurückzuführen. Da das Polymer in Wasser gelöst wird, nimmt mit der Zeit dessen Epoxidgehalt ab. Dies hat somit einen Einfluss auf das Verhalten mit dem Quervernetzer. Nach der Neusynthese des P023-TB wurde dieses trocken und gekühlt (-18°C) gelagert, um dem Sinken des Epoxidgehalts entgegen zu wirken und den Einfluss auf die Messungen zu minimieren.

Neben dem Epoxidgehalt des Polymerrückgrats variierten ebenfalls die in Lösung befindlichen Konzentrationen des Quervernetzers. Dieser wurde am Anfang mit Wasser versetzt. Dabei entstand eine milchige Flüssigkeit, was darauf hinweist, dass sich der jeweilige Quervernetzer nicht in Lösung befand. Um den langfristig verwendeten Dithiol-Linker in wässriger Lösung einsetzen zu können wurde er zunächst im Verhältnis 1:3 mit DMSO versetzt. Diese Änderung weist eine klare Flüssigkeit auf und die Dosierung des Quervernetzers ist somit erleichtert.

Einen weiteren großen Einfluss auf die unterschiedlichen Photoströme haben die verschiedenen verwendeten Chargen der PS2-Aufreinigungen. Diese zeigen unterschiedliche Aktivitäten in der Sauerstoffentwicklung. Es wurden insgesamt fünf unterschiedliche Präparationen verwendet, wobei aktivere ebenfalls eine Steigerung des Photostroms in vergleichenden Versuchen bewirkten. Neben den unterschiedlichen PS2-Aktivitäten hat ebenfalls die Löslichkeit des PS2 im Protein-Polymer-Gemisch großen Einfluss auf die Photoströme. Da sich Anfangs kein Detergens in der Beschichtung befand, wäre es möglich, dass große Teile des PS2 ausgefallen sind. Dies würde Messungen erklären, deren Photoströme trotz verwendetem aktivem PS2 nur wenige Nanoampere betrugen. Solche Messungen wurden für weitere Fortschritte nicht berücksichtigt sondern verworfen und wiederholt.

Eine weitere Variable ist der Abstand und Winkel zu der eingesetzten Lichtquelle. Der Abstand wird zwar vor jeder Messung überprüft, trotzdem kann es zu kleineren Abweichungen kommen. Außerdem ist das Ausrichten der Elektrode im gleichen Winkel zur Lichtquelle sehr schwierig und ein seitlicher Versatz gegenüber der Lichtquelle kann nicht ausgeschlossen werden. Pläne für eine Messzelle, die diese Probleme umgehen würden, wurden entworfen, aber bislang noch nicht umgesetzt.

Manche Fehlerquellen, wie die Ausrichtung der Elektrode oder die Konzentration des Quervernetzers, können durch sorgsames Arbeiten minimiert werden, während auf andere, wie die Aktivität des zur Verfügung stehenden PS2, kein Einfluss genommen werden kann. Die Aktivität kann lediglich durch Messungen der Sauerstoffentwicklung festgestellt werden. Allerdings kann diese nicht künstlich gesteigert werden, um höhere Photoströme zu erhalten.

4.12   Ausblick

Die Optimierung der anodischen Halbzelle durch Anwendung eines Phenothiazin-modifizierten Polymers bildet die Grundlage für Untersuchungen des PS2-Komplexes und dessen elektrochemische Anwendung in einer semiartifiziellen Biobatterie. Nichts desto trotz gibt es eine Reihe von Verbesserungsmöglichkeiten, um zukünftig die photoaktiven Proteine der Photosynthese für die Energiegewinnung nutzen zu können.

4.12.1 Bestimmung der Menge an immobilisierten PS 2

Eine Quantifizierung des immobilisierten PS2 würde Aufschluss über die Effizienz der Kontaktierung durch das Polymer geben. Um die Menge des PS2 bestimmen zu können, gibt es mehrere Möglichkeiten.

Die einfachste Methode eine Bestimmung des immobilisierten PS2 durchzuführen, wäre ein Vergleich der Absorptionsspektren des Protein-Polymergemischs vor Auftrag auf die Elektrode und der Waschfraktion, die vor den elektrochemischen Messungen entsteht. Unter der Annahme, dass das PS2 im gleichen Anteil von der Elektrode fällt wie das Polymer, wäre eine indirekte Bestimmung des ungefähren Proteingehalts auf der Elektrodenoberfläche möglich.

Eine genauere Bestimmung der Anzahl des immobilisierten PS2 könnte über die Quantifizierung der Mangan-Atome des Mn-Komplexes und der Magnesium-Atome aus den Chlorophyllen erfolgen. Dies wäre zum Beispiel über eine optische Emmisionsspektroskopie mit induktiv gekoppeltem Plasma (ICP-OES) möglich. Dabei kann die Konzentration an Mn- und Mg-Atomen, sowie weiterer Metalle einer Probe über Referenzlösungen ermittelt werden. Durch die Umrechnung des Metallgehalts auf die Proteinmenge könnte diese relativ genau bestimmt werden.

4.12.2 Mögliche Analysen des Photosystem 2

Analysen des PS2 sollten nach derzeitigem Stand mit aminfunktionalisierten Elektrodenoberflächen in Kombination mit dem verwendeten Dithiol-Linker durchgeführt werden. Da dieses Gemisch äußerst stabil an der Elektrodenoberfläche bindet, ist ein Einfluss auf elektrochemische Messungen des PS2 minimiert. Allerdings konnten bei bisherigen Photostrommessungen mit aminfunktionalisierten Elektrodenoberflächen nur geringere Photoströme im Vergleich zu anderen Beschichtungen gemessen werden.

Grundsätzlich könnte eine solche elektrochemische Methode unter standardisierten Bedingungen zur weiteren Charakterisierung von PS2 herangezogen werden. Auch der Vergleich von verschiedenen Mutanten hinsichtlich ihres Elektronentransports wäre über die Verwendung der stabilisierten Polymer-Elektrodenverbindung möglich. Jedoch müsste hierfür die Schichtdicke ebenfalls vereinheitlicht oder der Proteingehalt der innerhalb der Schicht bestimmt werden können.

Da sich das Redoxpotential des PS2 und das des P023-TB bei Änderung des pH-Werts parallel verschieben, ermöglicht die Anbindung über das Phenothiazin-modifizierte Polymer grundsätzlich eine elektrochemische Untersuchung des PS2 in Bezug auf das pH-Optimum. Da bei zuvor verwendeten Os-modifizierten Polymeren das Potential bei Änderung des pH-Werts nicht verschoben wurde, änderte sich die Potentialdifferenz mit einer Veränderung des pH-Werts. Eventuell könnten so pH-Optima des PS2 neu bestimmt werden, wie es erst kürzlich für das PS1 geschehen ist (Kothe *et al.* 2014).

4.12.3 Vergleichbarkeit der Biobatterie mit artifiziellen Systemen

Die aufgebauten Biobatterien sind momentan noch nicht vergleichbar mit artifiziellen Systemen der Stromerzeugung aus Licht (Photovoltaik). Die Messung der Biobatterien erfolgt mit einer Lichtintensität von 34,9 mW/cm² bei einer Wellenlänge von 685 nm. Der Standard zur Charakterisierung von Solarzellen verwendet eine Lichtintensität von 1,5 AM (100 mW/cm²) bei einer Verteilung der Wellenlängen, wie sie im Sonnenlicht zu finden ist. Somit bestehen in der Bestimmung der einzelnen Charakteristika bereits enorme Unterschiede.

Die Zellspannung von 372,5 mV ist im Vergleich mit der von kommerziell genutzten Solarzellen auf Silizium-Basis mit 500-600 mV etwas geringer. Auch der Füllfaktor mit 0,564 liegt leicht unterhalb von dem der weit verbreiteten Silizium-basierten Solarzellen mit 0,7. Der Wirkungsgrad der getesteten Biobatterie liegt jedoch nur bei 0,0045 % und ist somit im Vergleich zu kommerziell genutzten Solarzellen, die einen Wirkungsgrad von bis zu 16,1 % besitzen (First Solar 9/04/2013), um den Faktor 3500 schlechter. Der momentane Rekord des Wirkungsgrades einer Solarzelle liegt im Labormaßstab bei 44,7 % (Frauenhofer ISE 23/09/2013). Allerdings ist der Wirkungsgrad stark von der Belichtung abhängig und kann somit nicht absolut verglichen werden. Somit ist die aufgebaute Biobatterie noch nicht vergleichbar mit kommerziellen Solarzellen.

Ein Vorteil des Aufbaus der Biobatterien ist die Unabhängigkeit von seltenen Erden, wie sie in effektiveren Solarpanelen verwendet werden (Bünzli und Eliseeva 2010). Somit besteht nicht die Abhängigkeit von seltenen Rohstoffen, die den Preis für kommerziell genutzte

Solarzellen in den letzten Jahren stark erhöht haben. Außerdem könnte in der Theorie parallel zum gewonnenen Strom, über die Verbindung des in der Kathode genutzten PS1 an Hydrogenasen oder Platinpartikeln, Wasserstoff produziert werden.

4.12.4 Erweitertes Z-Schema Analogon zur zukünftigen Biowasserstoffproduktion

Das aufgebaute, semiartifizielle Z-Schema Analogon generiert zwar elektrische Energie, nutzt allerdings die reduzierende Kraft des durch PS1 bereit gestellten Elektrons nicht. Diese wäre groß genug, um diese Energie chemisch in Form von H_2 oder wie im natürlichen System als NADPH zu speichern. Diese Nutzung der Energie der Biobatterie wäre auch insofern interessant, als dass Energie in Form von H_2 gespeichert und somit auch in Zeiten ohne oder mit wenig Sonneneinstrahlung verwendet werden könnte.

Eine Anknüpfung von Hydrogenasen an das PS1 zur Generierung von Biowasserstoff konnte bereits durch PS1-Hydrogenase Fusionskomplexe (Krassen *et al.* 2009) und Nano-hybridkonstrukte gezeigt werden (Lubner *et al.* 2010; Lubner *et al.* 2011). Auch eine Kombination von PS1 mit Pt-Partikeln zur H_2-Produktion ist möglich (Grimme *et al.* 2008; Grimme *et al.* 2009; Utschig *et al.* 2011; LeBlanc *et al.* 2012). Allerdings sind diese Systeme nur in Labormaßstäben getestet worden und sehr empfindlich gegenüber Umwelteinflüssen (s. Abschnitt 1.6). Das Z-Schema Analogon könnte durch weitere Fortschritte der Anbindung von Wasserstoffproduzenten zukünftig zur Produktion von H_2, O_2 und Strom aus dem Substraten Licht und Wasser dienen (Abb. 4-3).

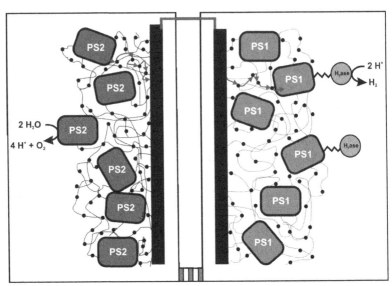

Abbildung 4-3 Z-Schema Analogon mit angebundener Hydrogenase. Die Elektronen werden von PS2 über P023-TB (blau) hin zur Elektrodenoberfläche transportiert. Gleichzeitig werden Elektronen von Os1 (braun) zu PS1 gebracht. Die erneut energiereicheren Elektronen werden terminal von einer Hydrogenase zur Biowasserstoffproduktion verwendet.

4.12.5 Kritische Betrachtung des semiartifiziellen Z-Schema Analogons als Lösung der zukünftigen Energieprobleme

Grundsätzlich bildet die Erzeugung von elektrischem Strom und energiereichen chemischen Verbindungen aus Sonnenlicht eine vielversprechende Option für die zukünftige Energieversorgung der Menschheit. Einzelne Teilaspekte des Systems auf Basis von PS1 und PS2 wurden bereits untersucht und weiterentwickelt. So wurde die Anbindung von natürlichen Hydrogenasen und künstlichen Platin-Partikeln an das PS1 zur Wasserstoffproduktion erfolgreich demonstriert (s. Abschnitt 4.12.4). Auch der Aufbau einer Biobatterie mit einer PS2-basierten Anode und einer PS1-basierten Kathode konnte bereits gezeigt und in dieser Arbeit optimiert werden. Allerdings ist die Effizienz auf momentanem Stand nicht konkurrenzfähig gegenüber den kommerziell genutzten Solarzellen. Grundlage hierfür sind nicht nur die technischen Parameter wie Spannung, Stromdichte, Leistung, Füllfaktor und Wirkungsgrad, sondern vor allem die Instabilität des Photostroms.

Falls die Stabilitätsprobleme beseitigt werden können, muss das Problem der Übertragung vom Labor- auf den Industriemaßstab gelöst werden. Es werden zwar keine seltenen Erden für die Produktion von Biobatterien benötigt, trotzdem wäre eine kommerzielle Herstellung sehr aufwändig und kostenintensiv, weil neben der Stabilität des PS2 ebenfalls die Aufreinigung der Proteine PS1 und PS2 ein Problem darstellt. Es werden große Kulturvolumina für geringe Proteinausbeuten benötigt.

Allerdings stehen die Forschungen in diesem Teilgebiet der Energiegewinnung erst am Anfang und es sind innerhalb von wenigen Jahren große Fortschritte erzielt worden. Deshalb sollte das System eher als Modell und Grundlage für mögliche, bislang noch nicht absehbare, Weiterentwicklungen angesehen werden. Potentiell birgt die semiartifizielle Energiegewinnung auf Basis der Proteine der Photosynthese die Möglichkeit der langfristigen Energieversorgung.

Es gibt viele Ansätze für weitere Verbesserungen des Systems. Eventuell würde eine Verwendung und Kontaktierung ganzer Zellen in der anodischen Halbzelle das Problem der PS2 Stabilität und Aufreinigung umgehen, da lebende Organsimen das PS2 dauerhaft erneuern. Deshalb könnte zukünftig eine auf photosynthetischen Proteinen aufbauende Energieversorgung einen Teil des Energiebedarfs der Menschheit decken.

Anhang

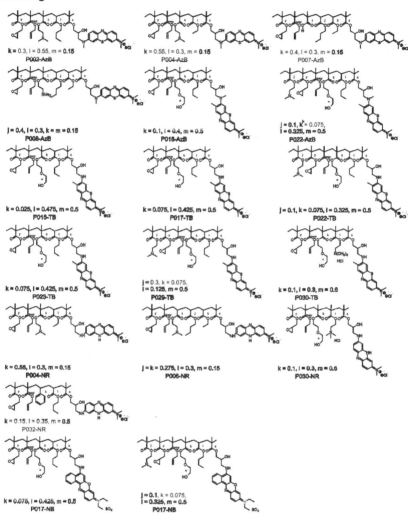

Abbildung A-0-1: Strukturen und Parameter der verwendeten Phenothiazin-modifizierten Polymere.

Literaturverzeichnis

Teile dieser Arbeit wurden bereits veröffentlicht:

Hartmann, V., Kothe, T., Pöller, S., El-Mohsnawy, E., Nowaczyk, M.M., Plumeré, N., Schuhmann, W., Rögner, M. (**2014**): *Redox hydrogels with adjusted redox potential for improved efficiency in Z-scheme inspired biophotovoltaic cells.* In *Chem Phys Phys Chem.* 16 (24), pp. 11936-11941

Mit Genehmigung der *Chem. Phys. Phys. Chem.* Eigentümergesellschaften und der Co-Autoren reproduziert.

Adams, M. W. (**1990**): *The structure and mechanism of iron-hydrogenases.* In *Biochim. Biophys. Acta* 1020 (2), pp. 115–145.

Albracht, S. P. (**1994**): *Nickel hydrogenases: in search of the active site.* In *Biochim. Biophys. Acta* 1188 (3), pp. 167–204.

Al-Jawadi, E.; Pöller, S.; Haddad, R.; Schuhmann, W. (**2012**): *NADH oxidation using modified electrodes based on lactate and glucose dehydrogenase entrapped between an electrocatalyst film and redox catalyst-modified polymers.* In: *Microchim Acta* 177, pp. 405-410.

Allen, J. (**2002**): *Photosynthesis of ATP-electrons, proton pumps, rotors, and poise.* In *Cell* 110 (3), pp. 273–276.

Aoki, A.; Heller, A. (**1993**): *Electron diffusion coefficients in hydrogels formed of cross-linked redox polymers.* In *J. Phys. Chem.* 97 (42), pp. 11014–11019.

Badura, A.; Esper, B.; Ataka, K.; Grunwald, C.; Wöll, C.; Kuhlmann, J.; Heberle, J.; Rögner, M. (**2006**): *Light-Driven Water Splitting for (Bio-)Hydrogen Production: Photosystem 2 as the Central Part of a Bioelectrochemical Device.* In *Photochem Photobiol* 82 (5), pp. 1385-1390.

Badura, A.; Guschin, D.; Esper, B.; Kothe, T.; Neugebauer, S.; Schuhmann, W.; Rögner, M. (**2008**): *Photo-Induced Electron Transfer Between Photosystem 2 via Cross-linked Redox Hydrogels.* In *Electroanalysis* 20 (10), pp. 1043–1047.

Badura, A.; Guschin, D.; Kothe, T.; Kopczak, M. J.; Schuhmann, W.; Rögner, M. (**2011a**): *Photocurrent generation by photosystem 1 integrated in crosslinked redox hydrogels.* In *Energy Environ. Sci.* 4 (7), pp. 2435-2440.

Badura, A.; Kothe, T.; Schuhmann, W.; Rögner, M. (2011b): *Wiring photosynthetic enzymes to electrodes.* In *Energy Environ. Sci.* 4 (9), pp. 3263–3274.

Barber, J. (2003): *Photosystem II: the engine of life.* In *Quart. Rev. Biophys.* 36 (1), pp. 71-89.

Barrière, F.; Kavanagh, P.; Leech, D. (2006): *A laccase–glucose oxidase biofuel cell prototype operating in a physiological buffer.* In *Electrochimica Acta* 51 (24), pp. 5187–5192.

Boguslavsky, L. I.; Geng, L.; Kovalev, I. P.; Sahni, S. K.; Xu, Z.; Skotheim, T. A. (1995): *Amperometric thin film biosensors based on glucose dehydrogenase and Toluidine Blue O as catalyst for NADH electrooxidation.* In *Biosens Bioelectron* 10 (8), pp. 693–704.

Bohner, H.; Böger, P. (1978): *Reciprocal formation of cytochrome c-553 and plastocyanin in Scenedesmus.* In *FEBS Lett.* 85 (2), pp. 337–339.

Brettel, K.; Leibl, W. (2001): *Electron transfer in photosystem I.* In *Biochim. Biophys. Acta* 1507 (1-3), pp. 100–114.

Buhrke, T.; Lenz, O.; Krauss, N.; Friedrich, B. (2005): *Oxygen Tolerance of the H2-sensing [NiFe] Hydrogenase from Ralstonia eutropha H16 Is Based on Limited Access of Oxygen to the Active Site.* In *Journal of Biological Chemistry* 280 (25), pp. 23791–23796.

Bünzli, J. G.; Eliseeva, S. V. (2010): *Lanthanide NIR luminescence for telecommunications, bioanalyses and solar energy conversion.* In *Journal of Rare Earths* 28 (6), pp. 824–842.

Calvin, M.; Benson, A. A. (1948): *The Path of Carbon in Photosynthesis.* In *Science* 107 (2784), pp. 476–480.

Chapman, H. N.; Fromme, P.; Barty, A.; White, T. A.; Kirian, R. A.; Aquila, A.; Hunter, M. S.; Schulz, J.; DePonte, D. P.; Weierstall, U.; Doak, R. B.; Maia, F. R. N. C.; Martin, A. V.; Schlichting, I.; Lomb, L.; Coppola, N.; Shoeman, R. L.; Epp, S.W.; Hartmann, R.; Rolles, D.; Rudenko, A.; Foucar, L.; Kimmel, N.; Weidenspointner, G.; Holl, P. *et al.* (2011): *Femtosecond X-ray protein nanocrystallography.* In *Nature* 470 (7332), pp. 73–77.

Ciaccafava, A.; Infossi, P.; Giudici-Orticoni, M.-T.; Lojou, E. (2010): *Stabilization Role of a Phenothiazine Derivative on the Electrocatalytic Oxidation of Hydrogen via Aquifex aeolicus Hydrogenase at Graphite Membrane Electrodes.* In *Langmuir* 26 (23), pp. 18534–18541.

Ciesielski, P. N.; Hijazi, F. M.; Scott, A. M.; Faulkner, C. J.; Beard, L.; Emmett, K.; Rosenthal, S. J.; Cliffel, D.; Jennings, G. K. (2010): *Photosystem I – Based biohybrid photoelectrochemical cells.* In *Bioresource Technology* 101 (9), pp. 3047–3053.

Deisenhofer, J.; Michel, H. (1989): *Nobel lecture. The photosynthetic reaction centre from the purple bacterium Rhodopseudomonas viridis.* In *EMBO J.* 8 (8), pp. 2149–2170.

Deutscher Wetterdienst (DWD): Straka_Mittel_8110.pdf. Online verfügbar auf *http://www.dwd.de/bvbw/generator/DWDWWW/Content/Oeffentlichkeit/KU/KU1/KU12/Klima gutachten/Solarenergie/Straka__Mittel__8110,templateld=raw,property=publicationFile.pdf/S traka_Mittel_8110.pdf*, geprüft am 12.11.2014.

Díaz-Quintana, A.; Leibl, W.; Bottin, H.; Sétif, P. (**1998**): *Electron transfer in photosystem I reaction centers follows a linear pathway in which iron-sulfur cluster FB is the immediate electron donor to soluble ferredoxin.* In Biochemistry 37 (10), pp. 3429–3439.

East, G. A.; del Valle, M. A. (**2000**): *Easy-to-Make Ag/AgCl Reference Electrode.* In J. Chem. Educ. 77 (1), p. 97.

El-Mohsnawy, E.; Kopczak, M. J.; Schlodder, E.; Nowaczyk, M. M.; Meyer, H. E.; Warscheid, B.; Karapetyan, N. V.; Rögner, M. (**2010**): *Structure and Function of Intact Photosystem 1 Monomers from the Cyanobacterium Thermosynechococcus elongatus.* In Biochemistry 49 (23), pp. 4740–4751.

Faulkner, C. J.; Lees, S.; Ciesielski, P. N.; Cliffel, D. E.; Jennings, G. K. (**2008**): *Rapid Assembly of Photosystem I Monolayers on Gold Electrodes.* In Langmuir 24 (16), pp. 8409–8412.

First Solar (09.04.**2013**): *First Solar Sets CdTe Module Efficiency World Record, Launches Series 3 Black Module (NASDAQ:FSLR).* Online verfügbar auf http://investor.firstsolar.com/releasedetail.cfm?ReleaseID=755244, geprüft am 12.11.2014.

Forster, R. J.; Vos, J. G. (**1994**): *Ionic Interactions and Charge Transport Properties of Metallopolymer Films on Electrodes.* In Langmuir 10 (11), pp. 4330–4338.

Forster, R. J.; Walsh, D. A.; Mano, N.; Mao, F.; Heller, A. (**2004**): *Modulating the Redox Properties of an Osmium-Containing Metallopolymer through the Supporting Electrolyte and Cross-Linking.* In Langmuir 20 (3), pp. 862–868.

Frauenhofer ISE (23.09.**2013**): *World Record Solar Cell with 44.7% Efficiency - Frauenhofer ISE.* Pressemitteilung Nr. 22/13. Dimroth, F. Online verfügbar auf *http://www.ise.fraunhofer.de/en/press-and-media/press-releases/presseinformationen-2013/world-record-solar-cell-with-44.7-efficiency*, geprüft am 12.11.2014.

Fröhlich, C.; Brusa, R. W. (**1981**): *Solar radiation and its variation in time.* In Sol Phys 74 (1), pp. 209–215.

Fromme, P.; Jordan, P.; Krauss, N. (**2001**): *Structure of photosystem I.* In Biochim. Biophys. Acta 1507 (1-3), pp. 5–31.

Ghanem, M. A.; Chrétien, J.-M.; Pinczewska, A.; Kilburn, J. D.; Bartlett, P. N. (**2008**): *Covalent modification of glassy carbon surface with organic redox probes through diamine linkers using electrochemical and solid-phase synthesis methodologies.* In J. Mater. Chem. 18 (41), pp. 4917-4927.

Ghirardi, M. L.; Togasaki, R. K.; Seibert, M. (**1997**): *Oxygen sensitivity of algal H2-production*. In *Appl. Biochem. Biotechnol.* 63-65, pp. 141–151.

Golbeck, J. H. (**1992**): *Structure and Function of Photosystem I*. In *Annu. Rev. Plant. Physiol. Plant. Mol. Biol.* 43 (1), pp. 293–324.

Golbeck, J. H. (**1999**): *A comparative analysis of the spin state distribution of in vitro and in vivo mutants of PsaC. A biochemical argument for the sequence of electron transfer in Photosystem I as FX → FA → FB → ferredoxin/flavodoxin.* In *Photosynthesis Research* 61 (2), pp. 107–144.

Golbeck, J. H. (**2006**): *Photosystem I. The Light-Driven Plastocyanin: Ferredoxin Oxidoreductase.* [New York]: Springer (Advances in Photosynthesis and Respiration, 24).

Golding, A. J.; Johnson, G. N. (**2003**): *Down-regulation of linear and activation of cyclic electron transport during drought.* In *Planta* 218 (1), pp. 107–114.

Grasse, N.; Mamedov, F.; Becker, K.; Styring, S.; Rögner, M.; Nowaczyk, M. M. (**2011**): *Role of Novel Dimeric Photosystem II (PSII)-Psb27 Protein Complex in PSII Repair.* In *Journal of Biological Chemistry* 286 (34), pp. 29548–29555.

Gregg, B. A.; Heller, A. (**1991**): *Redox polymer films containing enzymes. 2. Glucose oxidase containing enzyme electrodes.* In *J. Phys. Chem.* 95 (15), pp. 5976–5980.

Grimme, R. A.; Lubner, C. E.; Bryant, D. A.; Golbeck, J. H. (**2008**): *Photosystem I/Molecular Wire/Metal Nanoparticle Bioconjugates for the Photocatalytic Production of H 2.* In *J. Am. Chem. Soc.* 130 (20), pp. 6308–6309.

Grimme, R. A.; Lubner, C. E.; Golbeck, J. H. (**2009**): *Maximizing H2 production in Photosystem I/dithiol molecular wire/platinum nanoparticle bioconjugates.* In *Dalton Trans* (45), pp. 10106–10113.

Gunther, D.; LeBlanc, G.; Prasai, D.; Zhang, J. R.; Cliffel, D. E.; Bolotin, K. I.; Jennings, G. K. (**2013**): *Photosystem I on Graphene as a Highly Transparent, Photoactive Electrode.* In *Langmuir* 29 (13), pp. 4177–4180.

Habermüller, K.; Ramanavicius, A.; Laurinavicius, V.; Schuhmann, W. (**2000**): *An Oxygen-Insensitive Reagentless Glucose Biosensor Based on Osmium-Complex Modified Polypyrrole.* In *Electroanalysis* 12 (17), pp. 1383–1389.

Haddad, R.; Xia, W.; Guschin, D. A.; Pöller, S.; Shao, M.; Vivekananthan, J.; Muhler, M.; Schuhmann, W. (**2013**): *Carbon Cloth/Carbon Nanotube Electrodes for Biofuel Cells Development.* In *Electroanalysis* 25 (1), pp. 59–67.

Hale, P. D.; Boguslavsky, L. I.; Inagaki, T.; Karan, H. I.; Lee, H. S.; Skotheim, T. A.; Okamoto, Y. (**1991**): *Amperometric glucose biosensors based on redox polymer-mediated electron transfer.* In *Anal. Chem.* 63 (7), pp. 677–682.

Hartmann, V.; Kothe, T.; Pöller, S.; El-Mohsnawy, E.; Nowaczyk, M. M.; Plumeré, N.; Schuhmann, W.; Rögner, M. (**2014**) *Redox hydrogels with adjusted redox potential for improved efficiency in Z-scheme inspired biophotovoltaic cells*. In *Chem Phys Phys Chem.* 16 (24), pp. 11936-11941

Hassler, B. L.; Kohli, N.; Zeikus, J. G.; Lee, I.; Worden, R. M. (**2007**): *Renewable dehydrogenase-based interfaces for bioelectronic applications*. In *Langmuir* 23 (13), pp. 7127–7133.

Haumann, M.; Liebisch, P.; Müller, C.; Barra, M.; Grabolle, M.; Dau, H. (**2005**): *Photosynthetic O2 formation tracked by time-resolved x-ray experiments*. In *Science* 310 (5750), pp. 1019–1021.

Heber, U.; Walker, D. (**1992**): *Concerning a dual function of coupled cyclic electron transport in leaves*. In *Plant Physiol.* 100 (4), pp. 1621–1626.

Holm, R. H.; Kennepohl, P.; Solomon, E. I. (**1996**): *Structural and Functional Aspects of Metal Sites in Biology*. In *Chem. Rev.* 96 (7), pp. 2239–2314.

Holzwarth, A. R.; Müller, M. G.; Reus, M.; Nowaczyk, M. M.; Sander, J.; Rögner, M. (**2006a**): *Kinetics and mechanism of electron transfer in intact photosystem II and in the isolated reaction center: pheophytin is the primary electron acceptor*. In *Proc. Natl. Acad. Sci. U.S.A.* 103 (18), pp. 6895–6900.

Holzwarth, A. R.; Müller, M. G.; Niklas, J.; Lubitz, W. (**2006b**): *Ultrafast transient absorption studies on photosystem I reaction centers from Chlamydomonas reinhardtii. 2: mutations near the P700 reaction center chlorophylls provide new insight into the nature of the primary electron donor*. In *Biophys. J.* 90 (2), pp. 552–565.

Johnson, G. N. (**2007**): *Cyclic Electron Transport*. In *eLS*.

Karnicka, K.; Eckhard, K.; Guschin, D. A.; Stoica, L.; Kulesza, P. J.; Schuhmann, W. (**2007**): *Visualisation of the local bio-electrocatalytic activity in biofuel cell cathodes by means of redox competition scanning electrochemical microscopy (RC-SECM)*. In *Electrochemistry Communications* 9 (8), pp. 1998–2002.

Kato, M.; Cardona, T.; Rutherford, A. W.; Reisner, E. (**2012a**): *Photoelectrochemical Water Oxidation with Photosystem II Integrated in a Mesoporous Indium–Tin Oxide Electrode*. In *J. Am. Chem. Soc.* 134 (20), pp. 8332–8335.

Kato, M.; Cardona, T.; Rutherford, A. W.; Reisner, E. (**2013**): *Covalent Immobilization of Oriented Photosystem II on a Nanostructured Electrode for Solar Water Oxidation*. In *J. Am. Chem. Soc.* 135 (29), pp. 10610–10613.

Kato, Y.; Shibamoto, T.; Yamamoto, S.; Watanabe, T.; Ishida, N.; Sugiura, M.; Rappaport, F.; Boussac, A. (**2012b**): *Influence of the PsbA1/PsbA3, Ca2+/Sr2+ and Cl–/Br– exchanges on the redox potential of the primary quinone QA in Photosystem II from Thermosynechococcus elongatus as revealed by spectroelectrochemistry*. In *Biochimica et Biophysica Acta (BBA) - Bioenergetics* 1817 (11), pp. 1998–2004.

Kiefhaber, T.; Rudolph, R.; Kohler, H.-H.; Buchner, J. (**1991**): *Protein Aggregation in vitro and in vivo: A Quantitative Model of the Kinetic Competition between Folding and Aggregation*. In *Nat Biotechnol* 9 (9), pp. 825–829.

Kok, B.; Forbush, B.; McGloin, M. (**1970**): *Cooperation of charges in photosynthetic O2 evolution-I. A linear four step mechanism*. In *Photochem Photobiol* 11 (6), pp. 457–475.

Korbas, M.; Vogt, S.; Meyer-Klaucke, W.; Bill, E.; Lyon, E. J.; Thauer, R. K.; Shima, S. (**2006**): *The Iron-Sulfur Cluster-free Hydrogenase (Hmd) Is a Metalloenzyme with a Novel Iron Binding Motif*. In *Journal of Biological Chemistry* 281 (41), pp. 30804–30813.

Kothe, T.; Plumeré, N.; Badura, A.; Nowaczyk, M. M.; Guschin, D. A.; Rögner, M.; Schuhmann, W. (**2013**): *Combination of A Photosystem 1-Based Photocathode and a Photosystem 2-Based Photoanode to a Z-Scheme Mimic for Biophotovoltaic Applications*. In *Angew. Chem. Int. Ed.* 52 (52), pp. 14233–14236.

Kothe, T.; Pöller. S.; Zhao, F.; Fortgang, P.; Rögner, M.; Schuhmann, W.; Plumeré, N. (**2014**): *Engineered Electron-Transfer Chain in Photosystem 1 Based Photocathodes Outperforms Electron-Transfer Rates in Natural Photosynthesis*. In *Chem. Eur. J.* 20 (35), pp. 11029–11034.

Kramer, D. M.; Avenson, T. J.; Edwards, G. E. (**2004**): *Dynamic flexibility in the light reactions of photosynthesis governed by both electron and proton transfer reactions*. In *Trends in Plant Science* 9 (7), pp. 349–357.

Krassen, H.; Schwarze, A.; Friedrich, B.; Ataka, K.; Lenz, O.; Heberle, J. (**2009**): *Photosynthetic Hydrogen Production by a Hybrid Complex of Photosystem I and [NiFe]-Hydrogenase*. In *ACS Nano* 3 (12), pp. 4055–4061.

Kubota, L.T.; Gorton L. (**1999**): *Electrochemical Study of Flavins, Phenazines, Phenoxazines and Phenothiazines Immobilized on Zirconium Phosphate*. In Electroanalysis 11 (10) pp. 719–728.

Kuhl, H.; Kruip, J.; Seidler, A.; Krieger-Liszkay, A.; Bünker, M.; Bald, D.; Scheidig, A. J.; Rögner, M. (**2000**): *Towards Structural Determination of the Water-splitting Enzyme. Purification, Crystallization, and Preliminary Crystallographic Studies of Photosystem II from a Thermophilic Cyanobacterium*. In *Journal of Biological Chemistry* 275 (27), pp. 20652–20659.

LeBlanc, G.; Chen, G.; Jennings, G. K.; Cliffel, D. E. (2012): *Photoreduction of Catalytic Platinum Particles Using Immobilized Multilayers of Photosystem I*. In *Langmuir* 28 (21), pp. 7952–7956.

Loll, B.; Kern, J.; Saenger, W.; Zouni, A.; Biesiadka, J. (2005): *Towards complete cofactor arrangement in the 3.0 Å resolution structure of photosystem II*. In *Nature* 438 (7070), pp. 1040–1044.

Lubner, C. E.; Applegate, A. M.; Knorzer, P.; Ganago, A.; Bryant, D. A.; Happe, T.; Golbeck, J. H. (2011): *Solar hydrogen-producing bionanodevice outperforms natural photosynthesis*. In *Proceedings of the National Academy of Sciences* 108 (52), pp. 20988–20991.

Lubner, C. E.; Knörzer, P.; Silva, P. J. N.; Vincent, K. A.; Happe, T.; Bryant, D. A.; Golbeck, J. H. (2010): *Wiring an [FeFe]-Hydrogenase with Photosystem I for Light-Induced Hydrogen Production*. In *Biochemistry* 49 (48), pp. 10264–10266.

Marcus, R. A. (1956): *On the Theory of Oxidation-Reduction Reactions Involving Electron Transfer. I.* In *J. Chem. Phys.* 24 (5), pp. 966–978.

Mitchell, P. (1966): *Chemiosmotic Coupling In Oxidative And Photosynthetic Phosphorylation.* In *Biological Reviews* 41 (3), pp. 445–501.

Mörschel, E.; Schatz, G. H. (1987): *Correlation of photosystem-II complexes with exoplasmatic freeze-fracture particles of thylakoids of the cyanobacterium Synechococcus sp.* In *Planta* 172 (2), pp. 145–154.

Nakamura, Y.; Kaneko, T.; Sato, S.; Ikeuchi, M.; Katoh, H.; Sasamoto, S.; Watanabe, A.; Iriguchi, M.; Kawashima, K.; Kimura, T.; Kishida, Y.; Kiyokawa, C.; Kohara, M.; Matsumoto, M.; Matsuno, A.; Nakazaki, N.; Shimpo, S.; Sugimoto, M.; Takeuchi, C.; Yamada, M.; Tabata, S. (2002): *Complete Genome Structure of the Thermophilic Cyanobacterium Thermosynechococcus elongatus BP-1.* In *DNA Research* 9 (4), pp. 123–130.

NASA (2011): *Earth's Radiation Budget Facts.* Online verfügbar auf *http://science-edu.larc.nasa.gov/EDDOCS/radiation_facts.html*, aktualisiert 15.11.2011, geprüft am 12.11.2014.

Norby, R. J.; Luo, Y. (2004): *Evaluating ecosystem responses to rising atmospheric CO2 and global warming in a multi-factor world.* In *New Phytol* 162 (2), pp. 281–293.

Nowaczyk, M. M.; Hebeler, R.; Schlodder, E.; Meyer, H. E.; Warscheid, B.; Rögner, M. (2006): *Psb27, a cyanobacterial lipoprotein, is involved in the repair cycle of photosystem II.* In *Plant Cell* 18 (11), pp. 3121–3131.

Pöller, S.; Beyl, Y.; Vivekananthan, J.; Guschin, D. A.; Schuhmann, W. (2012): *A new synthesis route for Os-complex modified redox polymers for potential biofuel cell applications.* In *Bioelectrochemistry* 87, pp. 178–184.

Pöller, S.; Shao, M.; Sygmund, C.; Ludwig, R.; Schuhmann, W. (**2013**): *Low potential biofuel cell anodes based on redox polymers with covalently bound phenothiazine derivatives for wiring flavin adenine dinucleotide-dependent enzymes.* In *Electrochimica Acta* 110, pp. 152–158.

Porra, R.J; Thompson, W.A; Kriedemann, P.E (**1989**): *Determination of accurate extinction coefficients and simultaneous equations for assaying chlorophylls a and b extracted with four different solvents: verification of the concentration of chlorophyll standards by atomic absorption spectroscopy.* In *Biochimica et Biophysica Acta (BBA) - Bioenergetics* 975 (3), pp. 384–394.

Przybyla, A. E.; Robbins, J.; Menon, N.; Peck, H. D. (**1992**): *Structure-function relationships among the nickel-containing hydrogenases.* In *FEMS Microbiol. Rev.* 8 (2), pp. 109–135.

Pueyo, J. J.; Gomez-Moreno, C.; Mayhew, S. G. (**1991**): *Oxidation-reduction potentials of ferredoxin-NADP+ reductase and flavodoxin from Anabaena PCC 7119 and their electrostatic and covalent complexes.* In *Eur. J. Biochem.* 202 (3), pp. 1065–1071.

Rögner, M.; Mühlenhoff, U.; Boekema, E.J; Witt, H.T (**1990**): *Mono-, di- and trimeric PS I reaction center complexes isolated from the thermophilic cyanobacterium Synechococcus sp.* In *Biochimica et Biophysica Acta (BBA) - Bioenergetics* 1015 (3), pp. 415–424.

Rögner, M.; Boekema, E. J.; Barber, J. (**1996**): *How does photosystem 2 split water? The structural basis of efficient energy conversion.* In *Trends in Biochemical Sciences* 21 (2), pp. 44–49.

Sawyer, D. T.; Sobkowiak, A.; Roberts, J. L. (**1995**): *Electrochemistry for chemists.* 2nd ed. New York: Wiley.

Schägger, H.; Jagow, G. (**1987**): *Tricine-sodium dodecyl sulfate-polyacrylamide gel electrophoresis for the separation of proteins in the range from 1 to 100 kDa.* In *Anal. Biochem.* 166 (2), pp. 368–379.

Schägger, H.; Jagow, G. (**1991**): *Blue native electrophoresis for isolation of membrane protein complexes in enzymatically active form.* In *Analytical Biochemistry* 199 (2), pp. 223–231.

Schidlowski, M. (**1991**): *Organic carbon isotope record: index line of autotrophic carbon fixation over 3.8 Gyr of Earth history.* In *Journal of Southeast Asian Earth Sciences* 5 (1-4), pp. 333–337.

Shan, D.; Mousty, C.; Cosnier, S.; Mu, S. (**2002**): *A New Polyphenol Oxidase Biosensor Mediated by Azure B in Laponite Clay Matrix.* In *Electroanalysis* 15 (19), pp. 1506–1512.

Sirkar, K.; Revzin, A.; Pishko, M. V. (**2000**): *Glucose and lactate biosensors based on redox polymer/oxidoreductase nanocomposite thin films.* In *Anal. Chem.* 72 (13), pp. 2930–2936.

Stoica, L.; Dimcheva, N.; Ackermann, Y.; Karnicka, K.; Guschin, D. A.; Kulesza, P. J.; Rogalski, J.; Haltrich, D.; Ludwig, R.; Gorton, L.; Schuhmann, W. (**2009**): *Membrane-Less Biofuel Cell Based on Cellobiose Dehydrogenase (Anode)/Laccase (Cathode) Wired via Specific Os-Redox Polymers.* In *Fuel Cells* 9 (1), pp. 53–62.

Stripp, S. T.; Goldet, G.; Brandmayr, C.; Sanganas, O.; Vincent, K. A.; Haumann, M.; Armstrong, F. A.; Happe, T. (**2009**): *How oxygen attacks [FeFe] hydrogenases from photosynthetic organisms.* In *Proceedings of the National Academy of Sciences* 106 (41), pp. 17331–17336.

Szilágyi, A.; Závodszky, P. (**2000**): *Structural differences between mesophilic, moderately thermophilic and extremely thermophilic protein subunits: results of a comprehensive survey.* In *Structure* 8 (5), pp. 493–504.

Takashi, Y.; Kazuhiko, S.; Sakae, K. (**1978**): *Photosynthetic activities of a thermophilic blue-green alga.* In *Plant & Cell Physiol.* 19, pp. 943–954.

Terasaki, N.; Yamamoto, N.; Hiraga, T.; Yamanoi, Y.; Yonezawa, T.; Nishihara, H.; Ohmori, T.; Sakai, M.; Fujii, M.; Tohri, A.; Iwai, M.; Inoue, Y.; Yoneyama, S.; Minakata, M.; Enami, I. (**2009**): *Plugging a Molecular Wire into Photosystem I: Reconstitution of the Photoelectric Conversion System on a Gold Electrode.* In *Angewandte Chemie International Edition* 48 (9), pp. 1585–1587.

Trebst, A.; Draber, W. (**1986**): *Inhibitors of photosystem II and the topology of the herbicide and QB binding polypeptide in the thylakoid membrane.* In *Photosynth Res* 10 (3), pp. 381–392.

U.S. Energy Information Administration (**2013**): *International Energy Outlook 2013.* Online verfügbar auf *http://www.eia.gov/forecasts/ieo/pdf/0484%282013%29.pdf*, geprüft am 12.11.2014.

Umena, Y.; Kawakami, K.; Shen, J.-R.; Kamiya, N. (**2011**): *Crystal structure of oxygen-evolving photosystem II at a resolution of 1.9 Å.* In *Nature* 473 (7345), pp. 55–60.

Utschig, L. M.; Dimitrijevic, N. M.; Poluektov, O. G.; Chemerisov, S. D.; Mulfort, K. L.; Tiede, D. M. (**2011**): *Photocatalytic Hydrogen Production from Noncovalent Biohybrid Photosystem I/Pt Nanoparticle Complexes.* In *J. Phys. Chem. Lett.* 2 (3), pp. 236–241.

Vass, I.; Styring, S.; Hundal, T.; Koivuniemi, A.; Aro, E.; Andersson, B. (**1992**): *Reversible and irreversible intermediates during photoinhibition of photosystem II: stable reduced QA species promote chlorophyll triplet formation.* In *Proc. Natl. Acad. Sci. U.S.A.* 89 (4), pp. 1408–1412.

Vass, I. (**2012**): *Molecular mechanisms of photodamage in the Photosystem II complex.* In *Biochimica et Biophysica Acta (BBA) - Bioenergetics* 1817 (1), pp. 209–217.

Vignais, P. M.; Billoud, B.; Meyer, J. (2001): *Classification and phylogeny of hydrogenases.* In *FEMS Microbiol. Rev.* 25 (4), pp. 455–501.

Volbeda, A.; Charon, M. H.; Piras, C.; Hatchikian, E. C.; Frey, M.; Fontecilla-Camps, J. C. (1995): *Crystal structure of the nickel-iron hydrogenase from Desulfovibrio gigas.* In *Nature* 373 (6515), pp. 580–587.

Vostiar, I.; Tkac, J.; Sturdik, E.; Gemeiner, P. (2002): *Amperometric urea biosensor based on urease and electropolymerized toluidine blue dye as a pH-sensitive redox probe.* In *Bioelectrochemistry* 56 (1-2), pp. 113–115.

World Development Indicators | The World Bank (2011). Online verfügbar auf *http://wdi.worldbank.org/table/3.7*, geprüft am 12.11.2014.

Yamanoi, Y.; Terasaki, N.; Miyachi, M.; Inoue, Y.; Nishihara, H. (2012): *Enhanced photocurrent production by photosystem I with modified viologen derivatives.* In *Thin Solid Films* 520 (16), pp. 5123–5127.

Yamaoka, T.; Satoh, K.; Katoh, S. (1978): *Photosynthetic activities of a thermophilic blue-green alga.* In *Plant & Cell Physiol.* 19 (6), pp. 943–954.

Yehezkeli, O.; Wilner, O. I.; Tel-Vered, R.; Roizman-Sade, D.; Nechushtai, R.; Willner, I. (2010): *Generation of Photocurrents by Bis-aniline-Cross-Linked Pt Nanoparticle/Photosystem I Composites on Electrodes.* In *J. Phys. Chem.* B 114 (45), pp. 14383–14388.

Zirngibl, C.; Hedderich, R.; Thauer, R.K (1990): *N5,N10-Methylenetetrahydromethanopterin dehydrogenase from Methanobacterium thermoautotrophicum has hydrogenase activity.* In *FEBS Letters* 261 (1), pp. 112–116.